台積電為什麼神？

王百祿

著

揭露台灣護國神山
與晶圓科技產業崛起的祕密

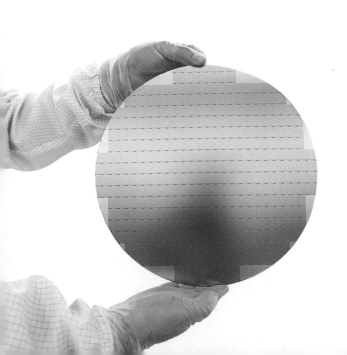

以晶圓代工創新模式啟動半導體產業的典範轉移

宏碁集團創辦人　**施振榮**

本書作者王百祿先生，在宏碁創業初期時期是工商時報的記者，對台灣高科技產業的發展歷程很了解，當年也曾在 1988 年撰寫《高成長的魅力——台灣電腦業小巨人奮鬥史》乙書。此次他撰寫護國神山台積電的發展過程，由於我自 2000 年在台積電張忠謀創辦人的邀請下擔任董事達 21 年（2021 年 7 月卸任），作者也特別訪問我的看法。

張忠謀創辦人當年回台創立台積電之前，是擔任美國德州儀器（TI）半導體事業部門的最高主管，對半導體產業有深入的了解，他思索台灣要用什麼方法進入半導體產業才有未來，因此在 1987 年創立台積電並啟動專業晶圓代工的創新商業模式，可說是啟動半導體產業的典範轉移。

而同樣在個人電腦產業領域，宏碁在 1983 年推出自有品

牌打入 PC 市場，同樣也啟動了個人電腦產業的典範轉移，讓原本產業發展由「垂直整合」轉移到「垂直分工」的產業生態，讓很多歐美日 PC 品牌業者因自己製造 PC 並無效益下，開始找台灣 ODM 代工。

哈佛商業評論也觀察到這個現象，並在 1991 年提出產業將走向「不做電腦的電腦公司」（Computerless Computer Company）、「沒有晶圓廠的半導體公司」（Fabless Semiconductor Company）的新模式，啟動了產業的典範轉移，讓 ICT 與半導體產業發展由從垂直整合走向垂直分工。

雖然台灣市場規模小，因此在品牌行銷以及設計市場需求上，需要與國際品牌大廠分工合作，但台灣透過掌握關鍵技術的核心能力，投資在對的模式，讓台灣可以發揮自己的競爭優勢。

我也觀察到，台灣掌握到這個典範轉移的新契機，反觀日本卻因相信過去幾十年來以垂直整合模式累積能量，集團內部什麼都做，進而在 80 年代取得世界第一的地位，因此沒有外包的思維，當產業已走向分工整合的大趨勢時，日本仍堅持垂直整合的思維，並在台灣與美國攜手分工合作下，導致日本在 90 年代逐漸喪失競爭力。

台灣持續專注在具有優勢的分工項目，造就台灣如今在半導體晶圓代工的全球市占率，繼續朝向七成邁進。

而台積電在晶圓代工這個創新的模式下，也從一開始製程

技術相對落後，在對的經營模式下一路累積實力，不斷擴大規模及投資，如今成為製程技術世界最領先，持續專注在晶圓代工的分工領域創造價值。

本書分享台積電的發展過程，值得我們學習及思索，如何在所處的產業扮演典範轉移的啟動者角色。例如在網際網路的發展，過去都是由美、中等大市場的業者來主導，在全球化的過程中，沒有太大的分工空間。因此年輕朋友看到美、中成功的案例，要思考在彼此客觀環境不同下，如何才能有所突破，雖然並不容易。

也期待藉由本書，從護國神山台積電一步一腳印的努力過程，能帶給讀者更多的啟發，在觀察產業發展的過程可以看到全貌，並在 AIoT 的產業大趨勢下，進一步掌握台灣可以扮演的重要角色，以王道思維出發，建構一個可以共創價值且利益平衡的產業生態。

政策帶動產業成功的典範

行政院副院長　沈榮津

　　台灣在 1980 年代由孫前院長運璿、李國鼎政務委員領導下，開始大力發展高科技產業，尤其國鼎長官推動包括電腦、半導體、光電面板在內的八大重點科技政策，正好是我在經濟部工業局二組投入工作的階段，二組負責輔導協助資訊、電子、光電、軟體與網路等產業，因此個人從科長、副組長、組長、副局長到局長，一路協助推動這幾項科技產業發展政策，從年產值數百億元發展到上兆元的規模，台灣舉國上下從政府各部會到產業通力合作，發揮了政策帶動產業成功的典範。

　　我在 1983 年開始認識百祿兄，他那時候在工商時報主跑科技產業新聞路線，為瞭解許多政策或產業的動態，因而常到二組來採訪，除了組長宋鐵民、副組長尹啓銘兩位老長官外，我算是跟他互動最多的人，對他那種鍥而不捨、認眞專業的態

度非常欽佩。80 年代，一般跑新聞的記者都是中午以後才會出來跑新聞，百祿兄卻常常在早上 9、10 點就會出現在各機構企業現場。

當時政府的許多政策發想初期，都是從國家建設會議（國建會）、行政院科技顧問會議、近代工程會議開始，來自國內外產官學研專家聚集數天，針對各種議題深入探討，再由國鼎先生拍板推動成為政策。百祿兄總是白天坐鎮會議現場，傍晚再回去報社寫稿，他那時候寫的專欄對科技政策、技術或產業方向提出的許多看法，事實上都是私下採訪許多企業家或專家學者後所歸納的真知卓見，很得各級長官的重視。

以他三十餘年來對半導體與相關產業累積的了解與經驗，同時具備了宏觀與微觀的角度，相信是少數對台灣半導體企業有深入了解的專業人士之一，尤其張忠謀先生 1986 年剛回台灣，百祿兄即與 Morris 有很早的接觸，加上他與國鼎先生緊密互動的十幾年，清楚政府高層推動台積電的背景，由他來分析護國神山台積電的競爭優勢與來龍去脈，必然有許多第一手的資料與觀察，閱讀後對台積電所處的競爭環境當有全面的認識，特為之序。

寫於 2021 年 7 月 25 日

前言

　　最近一年「護國神山」成了媒體爭相報導的顯學，究竟護國神山指的是什麼？要有什麼條件？實在是一個有趣且值得探討的主題。

　　要能「護國」，它本身要具備非常關鍵性的技術，現代進步國家都需要它，日常生活、工商業及國家安全防衛都少不了它，並且，它幾乎是獨占性或是處於絕對優勢，他人難以有替代性。如果它斷了供應鏈，那麼不僅影響了生活、工業許多方便與秩序（例如 iPhone、車用晶片斷鏈後……）更引起了大國國安軍事的精密武器零組件運作問題，這些國家為了維護這個重要資源源源不斷，必需強加衛護。以此觀之，台積電確實符合這個情境分析。

　　至於「神山」，指分別座落在台灣北（F2,5,8,12）、中（F15）、南（F6,14,18）三區近十座大型晶圓廠，以及五座先進封裝廠，像火車頭一樣，日夜不停競競業業地前進，供應全

球各地，尤其是現代化大國的工業、商業、國防需要。每個晶片的生產是人類發明半導體 70 年來，智慧結晶不斷累積下的成果，龐大的晶圓廠每座都要花上二、三百億美金建置而成，確實很「神」。散布在北中南這群晶圓廠加起來光是資金就值數千億美元，由三十幾年來培養磨練出來的，高生產力製造技術團隊運作下，供應全球各個領域關鍵電子晶片元件，放眼觀之，全世界獨一無二，隱然像是一座「神山」。

為什麼作者說台積電的誕生是一項偶然？資本這麼大、員工這麼多、代工的晶片公司他們的客戶對象，都是全球各領域一流大企業，怎麼不是周詳的規劃才決定成立的？本書，提供了第一手專訪張忠謀本人的資料，背景原因都有描述。張忠謀在他 54 歲壯年的時候，為什麼從老遠的美國飛到台灣來工作？並且一待就是 35 年！他是個什麼樣的人？有什麼本事會讓台灣當時負責全國行政及科技的兩位政府領導人再三敦請，拜託他回來？書中第一至三章都可滿足您的好奇。

台積電這幾年來是國內外媒體時時注目的焦點，它的一舉一動，不僅牽動了台灣股市的變化，也影響了全球主要產業供應鏈的正常營運，本書讓你深入了解台積電的基本功，知道它到底強在哪裡？為何那麼強？競爭對手們為何在未來十年內，還很難贏過它，原因何在？手中握有 TSMC 股票的投資人，更需要徹底明白晶圓代工產業競爭優勢到底是哪些？要有多少年的努力，才能達到一流水準？本書第四、五章詳述了台積電的

核心價值，了解這些能力，就會豁然開朗，原來 TSMC 這麼強的實力，不是近年的努力而已，而是從成立至今，三十幾年的時間，從上到下，一步一腳印，日夜匪懈全力打拼累積的成果，不必經常跟著市場偶爾的波動起舞，或躁動不已，詳細看了本書一、二遍後，心頭自然鎮定，清楚全球數一數二的競爭對手，出什麼樣的招數或舉動，會或不會，能或不能挑戰得了台積電的競爭力及營運？

本書第四章深入陳述台積的七大競爭力優勢，美國的英特爾、韓國三星電子、中國中芯半導體，雖然都在旁虎視眈眈，但是未來十年內，哪幾項優勢也許可以趕上來？哪些還要花十年以上，甚至難有機會超越？讀者諸君從書中分析中自然明白。

2015 年作者採訪張忠謀。

　　　　　　　　　　　台積電為什麼神？

張忠謀不在的台積電會不會生鏽了？制度會不會鬆散了？這也是關心 TSMC 未來發展人士注意的焦點。本書對張忠謀一手打造的企業文化著墨甚多，讀者諸君仔細閱讀，就懂得台積電企業文化核心的精要到底是什麼？為什麼會是該公司邁向永續經營的主要基石，企業文化不是讓員工琅琅上口好聽易記的幾句口語而已。台式企業或者說亞洲企業所以不容易成為百年企業的原因，都是因為人治成分太濃，難以制度化。為什麼張忠謀不在其位後的台積電能繼續保持強盛競爭力？很大的原因之一，就是張忠謀塑造的企業文化，已深入台積人的骨髓，成為他們每個人思想做事的習性，因此，即使高階領導人不必時時在側，都能照常的運作，這是張忠謀很了不起，不為外界所熟悉的一項成就。

　　台積電對台灣的貢獻，除了產業面，還有哪些？它在環境、社會、公司治理（ESG）全球三大企業追求目標，做了什麼具體事項？本書第六章有清晰地舉例說明，讓我們了解能成為國際級頂尖的企業，在本業營運創收之外，又替這個社會做了哪些讓人鼓掌叫好、鼓舞人心的事例？

　　台灣從二戰後的農業社會走入工業化，再進一步發展科技產業，歷經 70 年的時間，政府主導的計劃經濟前 40 年發揮了極大的效益，使得整體經濟脫胎換骨，以僅僅二千多萬人口卻在聯合國數百個國家經濟體名列前 20 名，創造了多少財富與工作機會！台積電的創立與成長壯大，剛好見證了台灣計畫

經濟作為領頭羊的重要性，以及產業走向自由競爭極大化的過程。閱讀完本書後，相信您也會有同樣的感受。

致 謝

　　本書能夠完成要感謝內人玉霞、兩位女兒的關心與鼓勵，好友馮震宇、連錦堅提供指導與協助，果睦師兄前後提供了我很多的參考意見，尤其架構與技術方面鉅細靡遺的校閱修正，讓本書準確度增加不少，曾晉皓兄提供顧問意見，都讓本書內容更具可信度。

　　施董事長振榮先生是我多年既尊敬且熟識的企業碩老，應筆者之邀，在專訪中把在台積電擔任獨立董事 21 年經驗涉及的事件、感想，作了完整說明，補足了本書有關 TSMC 董事會運作這塊領域，令本人既感激又倍感榮耀。

　　行政院副院長沈榮津先生百忙中，為本書寫序，對於本人溢美之詞愧不敢當，這種老朋友的情義相挺，倍增本書光彩，十分感謝！

　　張忠謀先生在閱讀本書初稿後，透過陳祕書祝福本書出版順利，以他老人家的典範與風格，能得到他的祝福，作者深感溫情與感謝！

contents

Chapter.4　台積電七大核心競爭優勢

Chapter.5　TSMC 代表性的發展故事

Chapter.6　未來 10 年台積電面臨的問題

Chapter.1

護國神山——
TSMC

1.1 為何它是護國神山？

　　這座大山，叫做台灣積體電路股份有限公司，簡稱：「台積電」或台積，英文名字叫「TSMC」。1987 年 2 月由張忠謀（英文名字暱稱 Morris）受政府高層官員之託籌辦成立（見本書 2.1），2020 年營收創下了高標一兆三千多億台幣，營業利益高達 5,667 億，最近 10 年每年平均毛利 50% 上下。以一家資本額龐大到近 2,600 億元台幣的公司，260 億股，千股一張共有 2,600 萬張股票在公開市場流通交易，每年繳營業稅給政府超過四、五百億元，如果加上百萬股東每年的交易稅、股利稅、五萬多員工繳交的個人所得稅，加總稅繳近一千億台幣！相當驚人。

　　台灣股票族盼望著台股拉上一萬點已經很多年了，靜寂了 20 年，突然在最近 2 年內急速往上拉升，衝衝衝，居然衝破了一萬點；接著 2020 年下半繼續推……推到最高時達一萬七千點！誰是最大動力？台積電！眼看到 2022 年有機會再突破二

萬點，它的動力如此之大，大到單一企業的市值居然就超過兩千多家上市櫃公司總市值的 20%，太有爆發力，太了不起了。

它是怎麼做到的？爲什麼具備這麼巨大的能量？甚至於成了最近大家琅琅上口，台灣的「護國神山」？

近 20 年來面對全球化半導體產業的競爭態勢，群雄並起，韓國的三星、美國的英特爾、IBM、新加坡的格羅方德、中國的中芯、武漢弘芯半導體，加上台灣的聯華電子，無一不是各國政府鼎力支持的標竿企業，這麼多家晶圓代工企業，卻只有台積電一家近年來先後被中國、美國、日本、德國，四個大國政府追著要求在當地設廠。

這是台灣廠商 50 年來從未有過的殊榮，是護國神山的特質之一。

甚至於，2020 下半到 2021 年德美日汽車大廠領導急晤台積電、聯電經營團隊，還透過他們的外交經濟官員，會見我們的經濟部長王美花及外交部官員，雙管齊下請求我政府協調台積電、聯電兩大晶片代工廠，要他們挪出產能，趕緊供應足夠的汽車用多個 IC 關鍵零組件，否則這些汽車大廠不得不「停工待料」，生產停頓，買車的客戶排長龍，影響的是人們天天要代步，以及工作運輸生產力的交通工具。當然，還包括該國一年的經濟生產力。

這個例子說明，晶圓代工廠面向的是全世界，是各行各業，需要供養捍衛全球各個領域領導廠商正常的營運，尤其，

歐盟大國相繼在 2030-2035 年要禁止汽柴油車子的生產，更加速了美歐日汽車廠的電動車化。特斯拉的掌門人馬斯克形容未來的無人駕駛電動汽車，就好像一部路上會跑的電腦，既然如此，會動又無人化（至少是智慧化、半自動化）這樣的一部車子，我們運用想像力想想看，為了解決自動駕駛、安全、舒適、方便的各種功能需求，每部車恐怕至少要裝置數十到上百顆的 IC。未來，一年全球銷售九千多萬部電動車，再乘以上百顆 IC，那麼台積電又會有多大的潛在訂單呢？

護國神山的另一個定義是：它掌握了全球各技術密集產業的動脈，例如：電腦、電子、通訊網路、精密機械、汽車（傳統汽車與電動汽車）航太、國防、智慧家電等，我們身旁熟悉的科技產品並且都依賴它，它是所有這些產業的核心組件主要供應中心。晶圓代工產業是驅動上述眾多行業一個非常關鍵的產業，正因為台積電市場占有率超過整體產業的 50%，其他十幾家晶圓代工企業加總的產能都還沒它一家大，所以它又是關鍵產業中的核心企業。

從技術發展的角度來看，台積電的晶片製造精密度技術從早期三階水準的 5 微米一直做到先進一階的 5 奈米。目前南科更小量試產 3 奈米的超大型 12 吋晶圓廠，新竹寶山 2 奈米廠也開始進入規劃階段。5 奈米與 3 奈米都是台積電目前領先全球同業，打遍天下無敵手的技術，像智慧手機、無人駕駛汽車、輕薄筆電、AI、航太、國防產品都全靠它。正因為台積電做到

最頂端的技術，領先群倫，某個程度，它代表了整個晶圓代工產業；這個產業打個噴嚏，也就是只要台積電的產能被外在天然災害或供電意外影響，而停機調整，就會讓許多先進國家重量級企業急著跳腳。

還記得 921 地震或近年發生的幾次強震，每次有這種自然界的災害發生，台積電立即接到來自全世界不同行業、大國軍事航太機構客戶的關切電話，深怕他們委製的晶片品質、交貨期受到衝擊；甚至於美國有些國會議員，以不能讓台積電生產斷炊致影響了該國重要國防航太高科技產業為由，要保護台灣，免受外力的攻擊或侵占……這又是「護國神山」的另一特質。

我們再想像一下：越來越智慧化的家庭，從自動門禁的安全設備到冷氣機、冰箱、空氣濾淨機、電視機、音響、手機、個人行動工具（筆電、平板電腦、遊戲機……）每個設備因為趨向自動化、全智慧化的功能設計，更多的細密動作控制，就意謂著更多的程式、軟體設計，每部設備核心控制盒的內部就需要置入更多的 IC 晶片。生活化電子電器設備越輕薄短小，並與遠端高性能運算中心相連實施遠距遙控，技術越多元而精密，就意謂著越依賴 IC。未來全球科技應用趨勢如此，就顯示全世界數千上萬家 IC 設計公司，有來自各個領域無限的需求潛力，需要它們把來自個人、家庭、工商業、航太、軍事等五花八門各領域的需求規格設計進入晶片中，最後呢，還得交給

晶圓代工工廠，將它們具體做成一顆顆的 IC 晶片。以此推論，未來的 2、30 年台積電跟我們的生活，跟社會整體的發展更加密切，也意謂著它的業務發展方興未艾，在技術團隊不斷精進、投資金額產能不斷擴大、智財權資產不斷累積下，請問這座「護國神山」他國競爭對手能撼動得了嗎？

我們觀察台積電三十幾年的發展，隨著客戶設計的 IC 越來越多元，功能越深入各個領域，它代工的 IC 用途變得非常多樣化，技術更是不斷的多元而精進。從 2009 年全球金融風暴後，11 年來 TSMC 年年介於 150-250 億美元的龐大投資金額，發展更小奈米技術的新廠，多年累進，猶如中央山脈由北到南延伸鎮守台灣，更帶動了全台灣半導體上下游產業一片蓬勃發展、欣欣向榮的空前景象。

在此同時，因為 TSMC 穩定而大量供應的各種先進晶片 IC，不僅壯大了全球各個高端產業與創新科技應用，也讓它們的終端產品（Fnd products）不會中斷，不至於影響全球相關產業的正常營運，進而提升人類現代化高品質的生活及安定。

這裡面最典型的應用例子，就屬蘋果電腦 iPhone 系列智慧手機，它的神奇、貼近人心的攝影、通話、觀看影片、記錄、傳遞訊息等迷人的多功能特性，裝置在這麼輕薄短小的數十款手機內，試著算算看，每具手機要多少顆精密的晶片？如果不是台積電從 20 奈米生產技術一路持續發展到 5 奈米，蘋果智慧手機就不可能每隔 1、2 年功能再創新，大量的推進供應到

全球消費者手中。想想看，智慧手機改變全球人類千百年交友、溝通、購買、娛樂等種種生活習慣，就是因為台積電成千上萬個技術人才孜孜矻矻在工作崗位上，不斷研發創新突破效能及不良率的瓶頸，才能適時的供應各手機大廠晶片的需要！

2020 年初的新冠肺炎 Covid-19 疫情席捲全球，造成了將近兩億人口確診，近四百萬人死亡，更嚴重影響的是全世界七十億人口全年工作生活受到二戰以來最大的約制，航空交通幾乎停擺，如果不是有網路、手機、電腦、電視螢幕構成的數位環境，提供了在家工作、娛樂、叫賣外送、生鮮採購等不必踏出自家門口，就可得到的全方位服務，那麼二戰以來自由自在慣了的人們，怎麼可能長時間被關閉在狹小空間裡，十幾個月那麼長久的時間！而這個數位環境核心元件的製造者，就是以台積電為主的半導體上下游產業。從 2007 年蘋果電腦第一代 iPhone 推出以來，智慧手機結合網路、社群平台、App 軟體，以及實體的物流服務，把人類「一機在手，生活娛樂盡在眼前」、「一機在手，全能工作不求愁」發揮的淋漓盡致；所以即使面臨百年來從未有的病毒大流行，人們還能乖乖配合政府在家軟禁的規定，不至於悶得發慌、發瘋。講起來，以半導體為核心的高科技這 20 年的發展，適時的提供全人類工作、生活的需要，還真是因緣巧合呢！

台積電市值與世界排名〔**註 1**〕

	台幣（兆元）	美元億元	世界排名 （TOP100）
2010	1.84	600	
2018	6.6	2200	23
2019	6.1	2060	37
2020/10 月	16.5	4158	10
2021 元月	16.85	5550	8
2021 7 月	15.3	5432	9

1.2 領先全球大廠的競爭差距

　　二戰後的 60 年代，傳統工業邁向所謂「高科技」產業的轉捩點，就是積體電路（IC），也就是俗稱半導體的出現與應用。自 1948 年美國貝爾實驗室利用半導體的特性，做出世界上第一顆電晶體開始，就進入所謂的半導體時代。一開始時是鍺電晶體（就是張忠謀 MIT 畢業後第一家公司希凡尼亞主力產品），接著是矽電晶體（張忠謀第二家公司德州儀器，是矽電晶體的發明者）；1958 年諾艾司與基比在同一年發表了「積體電路」，從此啓開了積體電路後來 50 年成爲半導體的主流。半導體後來的發展分成：邏輯電路（Logic Circuit）、中央微處理器（CPU）與記憶體三大區塊。張忠謀很幸運的，在他職涯最具生產力的 25 年都在德州儀器度過，而該公司正是半導體兩次革命性產品的始作俑者！

　　無疑的，IBM、德州儀器（TI）、通用電子（GI）這三家是 1970 年代積體電路風起雲湧的先行者；漸漸的，隨著 IC 的

應用，從航太、軍事走向商業化，大型電腦主機率先大量應用，而 1980 年代蘋果劃時代的產品家用電腦出世，以及 IBM 開放式相容個人電腦，從工商業普及到家庭、個人之後，IC 的應用數量呈現驚人且爆發力的成長。

與此同時，隨著電腦應用的多元與深入生活，專注在「設計」的 IC 設計行業從 1970 年代早期開始蓬勃發展，美國西岸的矽谷與東岸的波士頓、德州幾個地區 IC 設計公司如雨後春筍般創立，數百上千家新創 IC 公司大量出現。

另方面，結合 IC 製造（晶圓代工、封裝、測試）與 IC 設計於一體的，所謂積體電路整合製造系統（IDM）公司也相繼營運，IBM、英特爾、AMD 等新秀崛起，早期老大哥 TI、GI、RCA 幾家專業半導體廠反而漸漸被拋在後面。

而台積電於 1986 年籌備創立時，卻擺脫這兩種商業模式，在積體電路這個成長還不到 30 年的新產業，推出了有別於前面兩種營運型態的新做法——「晶圓代工專業營運模式」。老實說，台積電剛開始營運時，沒有一家半導體跨國企業瞧得起它，挾著晶圓整合型態（IDM）的成功運作，IBM、英特爾（Intel）的專家們認為這種專業於代工生產的工廠，只會接收一些低階消費性晶片代工產品而已，不成氣候。甚至於，英特爾把第一個訂單——當然是他們內部覺得毛利低的二階（second tier）產品交給台積電生產時，還因為派來的專家看完台積電第一座 6 吋晶圓廠後，列舉台積電許多項不合格（unqualified）的生

產製程缺點，而沒下訂單。因而讓張忠謀痛下決心，帶領曾繁城等創廠團隊花了近一年時間，將這些製程缺點一項一項的逐步改進，再邀請英特爾專家來檢核，通過後，第一個訂單才真正代工實現。不同於當年張忠謀身任德州儀器 3 千人團隊總經理，帶領先進製程設備與技術的那種意氣風發，簡直不可同日而語。

讓台積電擺脫幫人代工三階產品的「低階晶圓代工廠」形象，必須從 1998 年美國 NVIDIA 將其精密的繪圖晶片，交給台積電這個故事另外說起（參見本書 4.3）。

所以，專業經理人與創業是兩種截然不同的境遇，張忠謀在主導台積電創業的頭幾年，也碰到新創者那種從生產到業務處處從頭來，處處碰壁的狀況；然而 29 年的修鍊畢竟不同（參見本書 3.2、3.3），他建立的人脈、市場敏感度、營運經驗，使得台積電比起其它企業克服逆境的能力，以及讓業務成長的速度快出許多，Morris 的本事真不是蓋的。

國內許多專家學者或一般大眾多年來被「代工」這兩字給誤導，以為如同許多傳統產業代工一樣，就是幾十個簡單的組裝過程而已，因此看輕了這個行業技術的精密性與困難度。所謂的「精密性」就是指從矽晶圓片開始，從矽晶片，到把 IC 交到客戶手裡，一共要經過總共數百近千道步驟；所謂的「困難度」就是這數百近上千道步驟，每一個步驟都不能出現一絲一毫的差錯；而所謂的「差錯」很可能只是某一製程出現 0.001

微小阻抗的變化而已。連這樣的極微小變化，都會使試產的良率停留在 30、40%，而無法放到生產線開始大量生產，必須完完全全克服這數百近千道步驟任何微小的參數變化，讓它們都達到標準，最後，這樣 IC 的生產良率能達到 99.9% 以上，才叫做量產成功。「困難度」夠高吧！這就是要國內外台成清交念物理、電機、化學、機械，這些歷經 10 年以上，研發、生產經驗的一流頭腦來從事「晶圓代工」的背景原因了，

此外，晶圓技術代工這個營運模式，整個製程技術有三個關鍵階段。首先，要研發出新的製程，提供更小更快更省電的元件給 IC 設計公司使用；其次，對準良率的提升；最後則是量產階段，要做到量產的交期快、品質穩（良率維持 99.9% 以上），尤其後面兩階段的競爭力，更是台積電技術與管理的強項。

讀者諸君日後再碰到高談闊論非議所謂「晶圓代工」的好議之徒，就用這段話來解釋吧！

經過三十幾年運作下來，TSMC 不但跌破了 IBM、英特爾（Intel）、TI、GI 這些大老的眼鏡，洗刷了當年歐美大公司不看好這種晶圓代工模式能成氣候的難堪。不但在成立的第三年起連續 30 年的高成長，還年年賺錢；規模從一個毛小孩，蛻變為成人，甚至在市值、全球排名近年突飛猛進，跑在所有半導體跨國公司的前面，成為巨人，居於領先地位。這對 30 年前不太理會台積電的跨國公司高階領導們，是想都想不到的場

景。

截至 2021 年 3 月，台積電總市值超過 5,800 億美元，排名全球所有企業市值的第 9 名，甚至於還領先投資天神巴菲特波克夏公司一名，更在世界半導體產業當起老大名列第一。至於當年不屑投資它的英特爾，市值掉到剩 2,300 億美元，連台積電的一半都不到；IBM 是 1,159 億美元更慘；張忠謀的老東家德州儀器 1,500 億美元，令人不勝唏噓；至於 GI 就更不用說了。一家當初募資處處碰壁過程不順利（參見本書 2.2,2.3），被這些跨國大公司冷眼相看，才成立 34 年的公司，卻在關鍵的 2021 年公司市值超越了這些大企業，真可謂「十年河東，十年河西」了。

多虧美國半導體大廠的國際化與廣納人才度量，自 60 年代起，我們養在美國的上萬個半導體人才，才能在 1980-2010 年間陸續回到台灣共創榮景。筆者在 1987 年報導「VLSI 系列國家級半導體計畫」時，根本想像不到 33 年後的今天，它居然成了護國神山，造就年產值一、二千億美元的大產業，真是天佑台灣！

台積電這些年來如何一一甩開世界級大廠三星電子、格羅方德、IBM、甚至於半導體巨人 Intel 呢？我們就來一一檢視這關鍵的 11 年。

從 2009 年全球金融風暴後的次年，也就是張忠謀以董事長回鍋兼執行長的那年，IBM、英特爾、三星電子（參見本書

5.3）這幾家大廠，剛開始時都是信心滿滿，透過媒體放話，說在晶圓代工領域要投入數百億美元，延攬大量優秀國際人才，要超越或取代 TSMC! 最先是 IBM 起頭，接著是 Intel，再來則是三星電子，最後則是世界最大投資基金沙烏地石油基金投資的格羅方德，他們都揚言投重資與 TSMC 在晶圓代工一拚長短。說真的，這些競爭者，分析起來，哪一個不是財大勢大，高科技領域存在悠久的歷史背景？他們在某些高科技產業獨霸一方，不是只耍嘴皮子的公司而已；可是，說著說著一年又一年過去了，結果雙方差距越拉越遠，這些大咖們在人才技術、生產管理、投資金額三項關鍵競爭力方面，就輸給 TSMC 其中的二、三項。

往前回顧，IBM 對外揚言進入晶圓代工產業，挑戰台積電，結果不到 3 年敗北退出；再下來是三星在 12 奈米技術，以及系列蘋果高階手機挑戰台積電，欲奪得蘋果電腦絕大多數訂單，也因良率拉不起來，技術生產時機落後，最後，只能以拉低價格，以低價搶了蘋果較舊機種一小部分訂單。再來就是最大強敵英特爾 2017 年在 7 奈米製程技術，弄了三年，良率始終拉不起來，卻讓 CPU 領域對手 AMD 因借用台積電 7 奈米技術，產能順利大量生產，2 年內領先英特爾市占率 20% 以上。

與此同時，張忠謀 2009 年回來兼執行長後，力排眾議（包括來自董事會的異見），每年以 100-200 億美元年年持續擴大投資，拉大跟競爭對手產能的絕大差距；並且在技術突破（如

余振華副總獲得總統科學獎的打破「摩爾定律」〔**註 2**〕的傑出發明)、中堅資深人才大量鍛鍊、培養智財權的布局,這幾大方向同時並進一再領先,奠立多元競爭優勢的傑出成就。

這裡頭還有一個關鍵故事,即三星電子集團跟客戶搶市場的錯誤營運策略(參見本書 5.3)。要知道,張忠謀打從創立 TSMC 開始,就堅持——「當個專業的晶圓代工廠商,不與客戶競爭」。在半導體上中下游供應鏈當中,擔任上游所有開發 IC 晶片公司的合作好夥伴,合作越久,相互的誠信與技術分工就越緊密。觀察 IC 晶片製造的垂直分工方面,台積電除了保留少量高階的封裝技術,以搭配高端晶片製程良率的研發改善,它並不在中低階封裝測試方面大舉投入,而讓日月光、矽品、京元電子跟著成長茁壯,形成台灣在晶圓代工完整而強大的上下游供應鏈。

2021 年 3 月 17 日三星電子執行長金奇南在該公司股東大會上承認,在晶圓代工的產能、客戶數均不如台積電,但在 7 奈米與 5 奈米技術上並不落後。這樣的話在 3、4 年前他們高層在與台積電爭 12 奈米量產時,也講過:「有心超越台積電」。發展的結果事與願違,事實上蘋果的訂單,絕大部分還是給了台積電。專業半導體市場情報機構 IC Inside 認為,從 7 奈米以下,全球只剩下台積電、三星電子與英特爾三家。

那麼,究竟三大廠商未來 10 年之戰,誰贏面大?本書 5.3 有詳細的描述與說明,不妨先從四個面向來比較:

一 . 研發與生產技術

台積電 34 年來在晶圓製造發展的專利高達十數萬件，投入了龐大的人力與資金，近 10 年來申請的專利更是重「質」不重「量」，在晶圓製造競爭領域布下天羅地網，使競爭廠商即使砸下重金也難以接近 TSMC 的水準。張忠謀豐富的閱歷，讓他在世界半導體產業發展的第一階段，即先後經歷了三家不同產品、規模、工作內容的磨練，青壯期就養成了對半導體技術的深入接觸，以及市場發展趨勢觀察的敏銳度，這樣的能力一直到他草創台積電，及後來二十幾年高成長、龐大的營運規模，他都不忘保持對技術精進的了解，才不會因對技術進步的陌生，而產生錯誤的決策。

也因此，當 7、8 年前余振華副總拿著 2.5D/3D 封裝堆疊研發計劃向張忠謀簡報時，他能體會這個技術成功突破的話，對提升台積電與競爭對手的優勢，將有絕大的影響，才能以領導人的高度與權力支援這項研發專案。

余振華副總獲得張忠謀的堅定支持後，他帶領的一百多人團隊，鍥而不捨 3 年多的時間，終於化不可能成為可能，研發成功，讓已經極微小化的積體電路晶片封裝技術得到重大突破，往立體的 2.5D/3D 堆疊方向發展，使晶片容量的擴展又再度克服了極限。這個劃時代的研發成就，不僅讓余振華拿到「總

統科學獎」，也拉大了台積電與兩個強勁對手英特爾、三星電子的技術差距；加上與此同時，相關的專利，台積電的法務部門也早早布局，申請到大量具攻擊力的專利。同時這個技術在對戰英特爾這雄踞半導體界數十年的巨人，也具有時代的關鍵意義。

回過頭來說，台積電技術的主要優勢，就是長期淬鍊出來的功力，能持續的落實摩爾定律。以強勁對手第二名的三星電子來比較，本來雙方競爭多年差距還不大，然而 2015 年之後，16 奈米生產技術開始把雙方大大拉開。台積電 2016 年在台中中科及新竹竹科廠的 12 吋 10 奈米陸續進入量產，三星的量產臨界標準的良率卻始終拉不上來，使得產品用到這項技術最多、其智慧手機高階機種又占全球第一大的蘋果電腦，就把 iPhne8 以下新機種的晶片訂單都下給台積電。這一得一失之間，就讓台積把三星遠遠拉開，年營收總金額又進一大步，在 2018 年破一兆元的門檻，來到了 10,310 億元。

目前，10 奈米以下的生產技術，包括 7 奈米、5 奈米、3 奈米，台積電都是領先，不僅領先三星電子，在 7 與 5 奈米的量產也超越了半導體研發與生產技術領先 30 年的英特爾！並且，未雨綢繆的是，台積電已在 2020 年啓動 19 新廠 2 奈米製程的籌備行動，除了在新竹寶山地區找到新廠位址，談妥購地外，未來 3-4 年預計投資一千億美元，這金額也包括了這座 2 奈米新廠的投資。這種「超前部署」的策略，顯示即使張忠謀

已退休，但是他的兩位共同接班人劉德音董事長與魏哲家執行長走的路子——前瞻與穩健，並沒改變。觀之 Morris 退休後已3 年，台積電發展仍然如日中天，領導團隊並沒有被這些輝煌成果沖昏了頭，在崗位上的表現十分傑出卻又低調，跟歐美跨國公司那些執行長們好大喜功、炒短線的表現大相逕庭。

深入盤點分析，除了竹科、中科兩座 10 奈米晶圓廠產能已全力運轉外，中科的 7 奈米、南科的 5 奈米兩晶圓廠也進入大量生產，更令國人驕傲的是，南科 3 奈米 12 吋晶圓廠 2021下半年也開始小量試產。也就是說，台積電領先第二名的技術已超過 1-1.5 個世代以上，至於第三名以後廠家，早就放棄在10 奈米以下更精進技術的開發與投資。所以說，台積電在生產技術遙遙領先各國內外晶圓代工廠，至少 3 年以上，並不為過。

二．智財權的布局與優勢

台積電在智慧財產權（IPR）的投資與布局非常早，這是因為張忠謀在美國半導體產業前三家 29 年的工作經驗，親眼看到許多公司為了專利登記與侵權之間的競爭，以及人才被挖來挖去技術隨之流落他家公司的疑慮，所以在保護包含專利、營業祕密、商標等智慧財產權的整體做法，台積電也立下了嚴密的制度典範。

除了歷年研發預算、研發團隊高居台灣第一之外，為了保護多年投入的智慧結晶，並且拉大與競爭者的距離，台積電每年申請的專利有數千項，累積已取得的美歐專利也在十數萬件之數。從 2010 年起，內部更要求專利重質不重量的策略，設立專利審查委員會，數萬工程師每年提出上萬件專利計劃，由該委員會分組審核，決定是否到國內外申請專利。此外，已申請的專利由於每年維護費用相當可觀，不具商業開發功能或作為專利攻防者，就放棄續繳費用，讓每件專利都具有充分的競爭力。

　　更重要的是，台積電還建立了一個智慧財產權技術共享中心，這個中心除了台積電歷年國內外申請的龐大數目的專利可以分享外，並累積了各種製程的研發技術訣竅，以及改善不良率的方法、經驗，只要是台積電客戶都可以進入這個系統，同享其中的智慧結晶，大大的縮短了 IC 晶片的設計開發時間。這種集研發專利、製程經驗的結盟，強化了台積電與客戶之間的緊密合作關係，既使得客戶可以領先對手二、三月時間，提早讓產品商品化，又可以在台積電競爭者及客戶之間，形成一種合作障礙，一舉兩得，是台積電與英特爾、三星電子或二階的晶圓代工業者競爭，一項非常重要的戰略武器。

三.拼銀彈──投資資金的比賽

下頁表列舉了台積電從 2019-2024 這 6 年的資金投入。

與我們收集到有關英特爾、三星電子投入資金的比較，可看出三星電子在記憶體 IC 製造研發資金的比重，明顯大出晶圓代工部分許多，扣除前者後，純晶圓代工的資金投入還是輸給台積電一截。所以，三家比較，台積電資金前後 10 年的累積投入，仍保持領先。

四.掌握市場與經驗人才

台積電以它發展了 10 年的 AI 行銷大資料庫系統（參見本書 4.4），近年來在拉拔 IC 設計客戶發展新市場領域，以及現有產品線的產能適時調整各方面，發揮了前瞻性的卓越績效，成為它另一項競爭優勢。

至於，台積電超過一、二萬人資深技術團隊，更是全球半導體產業找不到的優秀人才部隊，本書 4.1 有極詳細的說明。

TSMC、英特爾（Intel）、三星電子近6年投資比較（2019-2024）〔註3〕

單位（億美元）

年份	TSMC	Intel	SamSung（*1）
2019	150	150 以下	50-80
2020	160	150 以下	50-70
2021	250-280	110（亞利桑那）	150（德州廠）
2022	360	100+100（以色列）	120
2023	370	200	120
2024	270		120

資料來源：財訊、經濟日報、韓媒等報導整理（2021.6）
*1：純晶圓代工廠投資部分，不含記憶 IC 的投資額。

1.3 台積電現象

　　張忠謀帶領的台積電從 1987 年 2 月正式成立以來，幾乎未有過虧損，他帶領公司 30 年歲月，傑出的經營績效及制度，成為全國各媒體爭相報導的焦點，尤其，在資本額、營業額屢屢打破國內大型企業規模的同時，毛利還可維持 50% 左右高水準。2021 年天下雜誌 723 期製造業一千大的統計，2020 全年台積電稅後純益 5,178 億元；而經營之神王永慶創立的台塑四寶台塑、南亞、台化、台塑石化四大公司稅後純益，加起來是 726 億元；國內金融業號稱最會賺錢的富邦集團，旗下富邦人壽、台北富邦銀行、富邦證券、富邦產物，加上服務業的台灣大（電信）及富邦媒體合計稅後純益共 1,021 億元，很多吧？當然比台塑集團多了三成，可是跟台積電比較，卻只有它一家公司賺到利潤純益的 19.7%！

　　最難能可貴的是，張忠謀跟台積電團隊近年來賺那麼多錢，資深的工程師每年領到的薪資、分紅、獎金加起來平均三、

四百萬，中高階主管平均每年收入超過千萬元者，至少有上千位以上。然而，多年來，從董事長張忠謀以下各級主管們都很低調，從沒有炫富或負面新聞上報，這種經營能力與道德典範成了各行各業老闆、經理人學習的對象，更是市井小民茶餘飯後爭相談論的熱門話題，形成了強烈的所謂「台積電現象」，這裡就舉幾個饒富趣味的例子吧！

台積電現象一：TOP10 企業平均薪資全國第 1 名

根據 2020 年 7 月 28 日經濟日報的報導，全台灣各縣市從業人員平均薪資為台幣 40,586 元，新竹縣卻高達 47,444 元，領先包括雙北在內的縣市一大段差距，就是因為新竹縣的竹東竹北，坐落著以科學園區為中心方圓數十平方公里的半導體產業大聚落。近 10 年來，隨著台積電、聯電、南亞科、華邦等晶圓廠與數百家 IC 設計公司脣齒相依共存共榮，使得十數萬從業人員的薪資節節上升，形成了新竹地區薪資水平超高的現象。

新竹的「關新里」跟竹北的「東平里」各有居民一萬多人，根據 2020 年 6 月媒體的報導，新竹市東區的關新里每位居民年薪平均 252 萬元，竹北的東平里居民平均 196 萬元，分別是全台灣上萬個村里社區居民平均薪資列全國第一、二名。其實，

我們實地訪查，這兩個里所在的地區，房子一坪少則二十幾萬再多也不過三、四十萬，面積平均數十坪也少超過百坪，附近好一點的餐廳倒不少，從外面怎麼看，都不像是很豪華的兩個社區，收入怎麼會這麼高？這些數據來自國稅局從全台灣所得稅人口繳稅紀錄，再推估平均收入得到的結論。

原因是，這兩個里的住戶八、九成以上是新竹科學園區上班族，當然，裡頭有老闆、中高階主管，更多的是工程師們，而台積電與它的客戶群——IC設計公司員工就是其中的主要住民。不久前公布（自由時報 110/03/06）的數字，台積電員工研究所畢業，成為正式員工的年薪總額可到 176 萬元台幣！一個年資 15 年的基層主管平均年薪 300 萬起跳，職位是副處長以上到資深副總的主管年薪資從五百萬到五千萬不等，這樣的薪資水平已算得上是具有充分的國際競爭力。

更進一步，台積電高層在 2020 年 11 月公布，自 2021 年元月起調薪平均兩成，以此推算，2021 年更新統計上述新竹兩個里的平均薪資，工程師居多的東平里平均薪資突破兩百萬的水準不是問題，甚至於繼續往上跳。其實國稅局統計平均薪資最高的「里」都落在新竹，近 2 年出現了新竹以外的第 6 名，那就是台南善化區的「蓮潭里」，平均薪資 168.7 萬元，原因無它，因為台積電的 7 奈米、5 奈米兩座大晶圓廠就設在善化附近的台南科學園區。科技部南科管理局 2021 年最新的調查指出，2018 年南科的工程師每月平均工資是 2.8-3 萬元，2020

年已經漲到 5 萬元，漲幅如此之快，最大功臣當然就是台積電，以及它帶來的 ASML、應材等外資大廠，整體帶動幅度十分驚人。

台積電自 2016 年起，將全球最先進的 5 奈米製程新廠設在南科，連同上下游供應鏈廠商，這 5 年來增加了一萬多名高科技、高薪資員工，緊接著 3 奈米新廠也規劃 2022 年量產，這 2 年整個供應鏈又將再增加八千名科技從業人才，因為供不應求。南科這兩個新廠是台積電少數非台成清交及台科大五個學校研究所畢業，有機會破格進入就職的新廠區，未來，將成為竹科以外的晶圓代工第二重鎮，規模、技術員工平均薪資都將超越中科廠區，甚至於竹北的某些科技新貴居住鄰里。

如果把台灣相較矽谷、北京這樣高物價水準（房租、三餐、交通）及稅賦計入，台灣同業的實質所得又要高出一、二成〔**註4**〕。所以，我們可以驕傲的說，中美韓三國競爭對象要挖角台積電員工如今已很難撼動，越資深越挖不動了，這是第一個台積電現象。

台積電現象二：市占率過半卻非壟斷

自 2019 年以來，以臉書（Facebook）、Google 為首的全球前五大破兆億美元市值的超大型科技企業，面臨美國司法

部、國會反托拉斯（壟斷）的可能控訴，如果成立，將被迫分拆成幾家公司。想當年的 AT&T 一個跨國通信業巨型大怪獸，被美國司法部依照反托拉斯法，強制一拆為六，成了六家不同功能的電信公司。從此光環頓減，也失去了全球最大電信公司的地位。所以對所謂 FANG（FaceBook、Amazon、Netflix、Google）這四大網路服務企業，這是不小的威脅。

那麼，台積電在晶圓代工產業市占率超過 50%，第二名的格羅方德或三星跟它的市占率相差一大截，為何它不會是美國或其它科技大國控訴違反獨占法的對象？這是個有趣的問題。為什麼反托拉斯法不能適用它？因為它是一家代工公司，幫全世界的科技、電子、IC 設計企業生產晶片，像蘋果拿它製造的 IC 裝配入手機、筆電、電子手錶中，再賣給全球消費者，台積電不必面對終端消費者，對市場而言，沒有壟斷的問題。

那麼在 B2B 領域，也就是企業對企業這一塊，有沒有獨占的顧慮？沒有！為什麼？因為，一個願打，一個願挨，它只是被委託生產，產品都不是它的，它所擁有的，就是高度製程技術的產能。台積電不做廣告，也不辦展覽，只有利用每年一次的技術論壇發表他的創新技術成果，都是客戶主動找上門來請它生產。它沒有刻意降低價格去打擊競爭對手，相反的，因為它的技術好、良率高、交貨期準，所以委製廠商願意用比競爭同業更高的價格，委託它生產；因此之故，反托拉斯法與它無緣，這就是第二個台積電現象。

台積電現象三：帶動地區房價與環境品質

　　第三個台積現象就是房價，二十多年來，台積電在台灣北中南地區設立十多座新廠，從 8 吋晶圓廠到 10 吋、12 吋晶圓廠，規模越來越大，投資金額也是數以百億美金計算。因此，只要它決定設廠，在建廠的頭 1、2 年建築、營造、水電、空調、氣體等工程，以及後繼而來的各種辦公室設備、生產設備，每天上千人投入建廠就開始帶動當地租房、餐廳、日常用品、交通的繁忙。

　　等到建廠完成，數千員工入駐廠區工作，為了安定居住環境，附近地區建築公司早在廠房動工前就開始配合興建公寓大樓，舊房則裝修待價而估，開始帶動了附近房屋格調的高品質化、高房價。20 年前新竹竹北房子房價大多每坪平均 10 萬元上下，逐漸的居住型大樓一棟棟蓋起來，房價每坪 12 萬、15 萬、20 萬的往上跳；現在 30 幾萬一坪的比比皆是，近年大面積的大樓公寓，每戶 4、5 千萬元起跳，也不再是新聞。讀者諸君有空到竹北地區，看到漂亮的大廈上百棟比鄰而居，還會以為到了台北的信義區呢。

　　同樣的，台中中科廠、台南善化廠，只要台積電開始規劃設廠，當地的房價就隨著上漲。據筆者詢問善化當地科技人士反應，當地房價從 2018 年的每坪 11、12 萬，到 2021 年初，

已漲到 2、30 萬，上漲之快，令人咋舌。台南地區房地產價格已經沉寂 2、30 年，沒想到一家半導體公司新設的幾座先進工廠引進的產業群聚效應，卻能造成如此大的動能驅力。

不只是提供台積電員工家庭的住宿，其實食衣住行各行各業都受惠，即使台南善化、台中邊緣區的中科 16、17 廠，員工帶來的家庭落腳後，因每個家庭強大的消費能力，也帶動了當地餐館、咖啡館、服飾專品店、幼兒園等食衣住行各相關行業在質與量的正向發展。當地人說一客一、二千元的高檔餐廳套餐，往往被南科高科技公司的員工包場，稍具水準的餐廳、美容院、超市都呈現欣欣向榮的景象。

竹北地區的房價 2010 年到現在平均漲幅超過 60%，而位於南科附近十分鐘車程的善化大社區，幾十大棟現代化大樓建築、洋房透天屋；誇張的是才 3 年時間不到，房價漲幅已超過 50%，估計 2 年後 3 奈米進入量產，房價會再漲一大波，這是大台南地區房價沉寂將近 30 年，所未有的榮景！這就是台積電造成的現象之三。

台積電現象四：股市關鍵領導股，全民認股

第四個台積電現象，就是台灣的公開資本市場，也就是我們熟悉的股票市場。

1980 年代，台股在經濟起飛帶動下，每年 GDP 呈現兩位數高成長，而有過衝破兩萬點的紀錄，然而，曾幾何時卻逆轉直下，跌到萬點以下，跟著沉寂了二十幾年。2020 年受到疫情穩定、台商回流兩大因素影響，半導體、ICT 主力幾個產業跟亞洲鄰國所謂四小龍比較，卻逆勢成長，影響所及，也帶動了台股近 2 年呈現強強滾上揚的現象。不僅總體股市衝破了一萬點，2020 下半年起，甚至有一飛沖天的態勢，最高時居然來到一萬七千點！

　　這其中，帶動力量最大的首推半導體產業，尤其是晶圓代工的台積電，與 IC 設計龍頭聯發科，兩家為首的半導體數百家廠商，簡直勢不可擋。台積電從 2019 年每股 250 元很快的漲逾一倍來到 500 元，不到一年的時間，當專家們認為已漲到差不多時，它卻又在短短的三個月內，從 500 元很快來到 600元！跌破多少專家、分析師的眼鏡！這麼大的資本量體（260億股），過去都是有龐大資金實力的外資在進出，漲勢也是漸進式，沒想到已臻高峰的股值，高達一百元的漲值，短短 90天就達標！

　　更沒想到的是，台股 2020 年下半，開放零股買賣機制後，年輕的受薪階級也開始加入成為台積電的小股民，擁有該公司股票成為一種流行，台積電小股東迅速成長到超過 101 萬戶，成為全台擁有股東人數最多的公司。如果說，現在的台積電是「全民的台積電」也不為過。當然，隨著美國政治領導班底的

傳承轉變，以及國內外新冠疫情的起伏變化，以及 2021 年全球股市大勢的走跌，也讓台積電股市現值回穩到近 600 元上下，換算美金它的總市值維持在 5,500 億美元左右，仍然高居全球 Top10〔**註 1**〕。

年輕一代的上班族，不能想像的是，3、40 年前，台灣的股市是個吃人的市場，上市公司只有二、三百家，股票市場資訊來源十分有限，大都倚賴兩家財經產業報紙，以及電視台所謂的名嘴分析師。不肖公司經營者或所謂的市場派四大金剛，往往結合報紙跑證券的記者或名嘴、股友社，炒作特定股票。先大量買好了某些特定股，然後這些不肖媒體記者配合他們，一波波炒作，頻頻放出利多消息，吸引股民進場，漲到某一高點，再統統賣掉殺出，剩下一大票的股民被套牢在那裡，哀鴻遍野，甚至傾家蕩產。

這樣的現象一直到以宏碁、聯電、台積電為首的科技公司進入證券資本市場，他們都是兢兢業業專注在科技本業，忙著研發與成長擴張，靠這些專業能力賺錢。所謂的正派經營，從不炒作股票，打破媒體壟斷資訊、操作股民的不正常態勢，才漸漸的吸引外資的注意，開始進入台灣股市。然後，科技公司如雨後春筍不斷成長、壯大、上市，形成了今天台灣資本市場近兩千家上市櫃公司的規模。當然，人性如此，還是避免不了每年會冒出一、二家上市櫃公司高層或市場大戶私下炒作特定股票的事件，但是比起早年，現在台灣股市算是健全太多了。

有趣的是，不只是富裕居民的薪資、飛漲的地區房價或瞬間竄起的龐大小股東所形成的台積電現象，甚至於，連國內財經雜誌、報紙或電視專題，只要以張忠謀或台積電為報導重點對象，該期雜誌銷路、發行份數、當天閱聽收視率就成長不少，這也算是台灣媒體領域的台積電現象吧！

台積電現象五：精英人才虹吸效應

　　台積電從 1990 年代順利營運、年年高成長以來，成了近25 年精英人才的大熔爐，由於五萬多員工每年薪資紅利所得相當可觀，在全國企業排名前茅，工作內容又十分具挑戰性，展望未來，半導體行業又欣欣向榮，年年高成長，因此吸引了全國最優秀的前五所大學：台大、清大、成大、交大及台科大以電機、電子、機械為主的畢業生大舉來投效。它每年到大學徵才的活動也幾乎集中在這五個學校舉辦，造成了其他行業或公司要挖到這幾所學校相關科系人才相對不容易，是為精英人才的虹吸效應。

　　不只如此，在中堅幹部（經理、副處長、處長）方面，近10 年台積電向全球招才，凡是歐美日名校碩博士畢業，只要在半導體跨國企業有過相關工作 3、5 年以上經驗，都是它網羅的對象。當然，因為美國過去 50 年是世界半導體產業重鎮，

人才最多，是五湖四海各國技術人才匯集之地，就這樣，它也吸引了數百上千位有博士學歷，來自美國、印度、俄羅斯、中國、韓國及東歐等各國籍精英人才；所以，在台積電工作的工程師們，上司是老外，來自各個不同國籍的國家，早已經見怪不怪了。

2000 年時，張忠謀為了短時間擴大產能，大膽作了決定，先後三個月內購併了德碁及世大半導體兩家公司，以應付客戶短期產能需求。當時購併行動沸沸揚揚，各方看法不一，持負面的人說台積電買下世大的代價偏貴了；其實，隔了 20 年今天冷靜的來評估這件購併案，之後獲得的營運績效來做比較，張忠謀當初的決策是對的。

1999 年台積電員工近一萬人，合併後的 2000 年迅速增長到 1.3 萬多人，營收的成長更是驚人。由 1999 年的 763 億，跳到 2000 年的 1,662 億元，雖然次年（2001）遇到世界網路泡沫化的經濟亂流，下降到 1,259 億元，但是 2002 年經濟復甦後，又回到 1,623 億元的水準。

毛利方面更是同步，合併後當年毛利 786 億元，比前一年的 301 億元，增加了近乎兩倍，這也是合併效益之一。為什麼？因為市場供不應求，誰掌握產能誰就是王道，所以毛利的成長高於營運。〔**註 5**〕

台積電金融風暴後擴大投資營收獲利表

年度	銷貨收入	毛利	年度淨利
2009	2,994 億	1,266 億	892 億
2010	4,186 億	1,970 億	1,616 億
2011	4,214 億	1,851 億	1,342 億
2012	5,003 億	2,348 億	1,663 億
2013	5,910 億	2,716 億	1,881 億

　　要知道，世大總經理張汝京當初創廠時，挖了一批德州儀器的中堅幹部，以及資質相當不錯留美的精英人才，這些人的學經歷，比起早期加入台積電的工程人才不遑多讓；更何況，該次併購行動之後數年，從本書 5.2 分析可看出台積電迅速拉開了跟聯電的競爭規模也是事實，更證明了張忠謀的深謀遠慮。

　　我們從發展的結果來看，張忠謀回鍋兼執行長的 2009 年連續 2 年擴大投資金額後，當年的營收是 2,994 億元，到了次年的 2010 迅速拉升到 4,186 億，到 2013 年時設備投資的最大綜效發揮，整個營收已衝到 5,910 億元的水準！毛利方面的表現也一樣，2009 年時是 1,266 億，毛利率 42%，到了 2013 年已提升到 2,716 億，毛利率 46%。這表示，拉開與對手的產能

與技術優勢後，毛利率更穩定的逐年成長。從這樣的成果印證，當年張忠謀力排眾議決定逆勢擴大投資的這種眼光與格局，又一次在晶圓代工領域中高階產能遙遙領先，坐穩了市占率第一的龍頭地位。

台積電現象六：跨國大廠紛紛來台成立先進技術中心

由於台積電在 7 奈米、5 奈米、3 奈米製程技術的領先，以及每年 250-300 億美元的龐大投資額，產生了另一項台積效應。近 2 年來，多家跨國大廠先進技術研發中心總部原先設在美國、荷蘭、日本總公司所在地，卻紛紛在台積電台灣廠區附近設立第二研發中心，使得提供許多優惠誘因期待他們將研發中心設在南韓的三星電子希望落空，這些大廠包括荷蘭艾司摩爾（ASML）、美國應用材料、默克、日商等。

艾司摩爾花了台幣一千億購併漢微科成立的先進工廠，離台積電南科 18 廠僅數公里遠，它廠區 2020 年 8 月剛成立的「EUV 全球培訓中心」，對台積電發展更先進製程技術來說，具有重大的競爭優勢，是全球半導體業極羨慕的焦點。

美商應材更把它散居美國幾大城市的「半導體全球培訓中心」整合後移到台灣，1710 期商業周刊的報導即指出，光是應

材來自全球各地在台灣一年的受訓人數，就累積了兩萬間旅館房間的數量，甚為驚人。這種現象讓「強者越強」，形成晶圓代工高端技術打群架的氣勢，不啻如虎添翼，位居老二、老三的競爭對手更難追上。

這些外商不僅僅在台灣設立研發中心而已，它們也把部分生產線移到台灣，為了效率及台積電在地化的要求，並就地培養他們的供應鏈。像艾司摩爾一部 EUV 有 10 萬個零組件、4 萬個螺栓及數千條線路，需要不同組件與材料供應商。上市公司帆宣就被艾司摩爾選為裝配供應商，組裝超高難度的 EUV 機台設備，不僅提供台積電需要，還要裝配送到中國大陸、南韓等半導體廠客戶。同樣的，美商應材也在台灣培養出上百家的供應鏈廠商。這些都是因為台積電在晶圓代工獨一無二的規模與地位，幫台灣半導體產業創造的紅利，更增強了台灣半導體產業的實力。

這幾家歐美日大廠 5 年以前，亞洲的研發或人才培訓中心，考慮的是韓國或日本，最近紛紛把台灣視為亞洲關鍵地位，除了台積電的大筆長期投資震撼他們之外，Covid-19 疫情下台灣是全球科技供應鏈表現上最安全穩定，處理最有效率的一個地區。使得全年高科技製造業不僅不受影響，甚至於出口還高成長，這就突出美中經貿衝突及疫情衝擊下，台灣吸收了轉單的強力效應。

1.4 護國神山們……

　　從本書前文讀者諸君對何謂「護國神山」已有所體會，大家一定會有好奇的是，未來台灣會不會還有第二家、第三家護國神山出現呢？

　　其實我們可以從兩個面向來探究，一個是這個事業體的存在，重要到，它總公司背後的祖國會不會爲它作政治、外交乃至軍事的折衝干涉焦點？以此來看，Google 這 10 年來把它在亞洲的資料中心（Data Center）總部設在台灣，是一件有潛力成爲護台重鎮的關鍵投資。因爲亞洲上網的應用人口增長極爲迅速，運用人工智慧（AI）的資料量成長更是驚人，成爲亞洲與北美、歐洲地區上百個國家一、二十億人口的訊息交流樞紐。Google 在台灣的資料中心，原先設在彰濱工業區的十幾公頃土地已不敷使用，近 3 年該公司又在台灣覓地，擴增了三個地區，伺服器資料容量擴增數十倍以上。這些資料十分珍貴，是標準的「數位資產」。另方面，Google 作爲全球最大的入口

網站，以及資料檢索大平台，網路使用人口高達二、三十億，這麼龐大的使用人口，不僅民間娛樂、通訊、教育、食衣住行涉及的資訊蒐集查詢都依賴它，即使工商業、政府機構，甚至軍事航太的日常運作，也是以它為馬首是瞻，可見每天存取的資料量有多驚人。

隨著 Google 提供的功能日益多樣化，它的營運面向，從民間到政府，從食衣住行到工商業運作，從台灣到東北亞、東南亞數十個國家，每天數十億次以上人口使用它，牽涉層面既廣且深，Google 總公司倚賴必然越來越重，如果它的資料中心因為座落在台灣而受到攻擊或侵駭，試想美國政府會坐視不管嗎？

緊接著，全球第二大入口網站的微軟，也在 2020 年將它的資料中心設在台灣，相信規模未來也會迅速增長變大。微軟雖然不像 Google 是全球網路人口資料搜尋的最大搜尋引擎，但是它卻是從個人電腦時代開始，幾乎就是電腦作業系統的遊戲制定者。後來擔任執行長的印裔美人納德拉更在幾年前打破作業系統自成收費的機制，改成開放式，讓所有不同品牌手機可以無償連結，因此網路人口倍增，成為直逼 Google 的大入口網站。可預見的是未來在台灣的資料中心將擴增更快，更加大了台灣作為亞洲與美國巨量資料連結的重要地位。

第二個面向，就是國內目前的年營收連續多年超過百億營收業績的企業、石化業的台塑集團有沒有可能成為護國神山？

它核心兩大事業體——汽柴油與 PVC 上下游產品，都是與地球環保背道而馳的產業，所以恐怕很難成為全球注目的焦點；況且它的市占率都不是前兩名，也沒有哪個政府會為它出頭。至於近年股價屢創新高的大立光，有其獨特地位，但因營收規模不足一百億美元，且蘋果仍然積極培養手機高端鏡片的第二供應商，所以，大立光仍需進一步觀察；如果在技術獨占性及營收規模再晉一級，有此潛力登上神山寶座。

此外，營業額在數百億到千億元，排名天下一百大第 10-100 名的 ICT 企業群，因其產品或技術的獨特能力，目前，在自家領域還沒有強勁對手，這樣的公司也有十數家；惟經營規模與技術的領先必須再精進幾年，才有機會證明可以成為護國神山。

從 2020 下半年起，有個既傳統卻又創新的產業，很有可能成為台灣第二座護國神山，那就是「電動汽車產業鏈」，可以說台灣的汽車零組件供應鏈、半導體上下游供應鏈、精密機械上游產業、石化下游成品業，在個別產業各自研發產銷技術練兵數十年，這幾個產業的跨業結合盡在今朝。首先，我們來看看 2 年來打群架的電動汽車供應鏈平台「MIH」，這是鴻海集團新掌門人劉揚偉 2020 年承繼郭台銘擔任董事長的首項傑作，也是作為新領導人的他，非成功不可的新事業。

近 10 年來，鴻海精密一直是世界 EMS（電子代工產業）第一名，並且營收超過 5 兆台幣，無論在台美中三地都是首屈

一指的代工製造之王，既是台灣製造業的第一名，也是中國大陸產品外銷第一名的外資企業。照理說，光是在 ICT 電子產業就應該是繼台積電之後的護國神山，然而，它生產代工的蘋果手機、筆電等主力產品，雖然產量品質都是第一，但是在台灣有和碩、緯創，大陸有立訊緊追在後，也是蘋果刻意培養的第二順位供應鏈。在筆電、平版電腦、光電面板各個領域，都有老二、老三被品牌跨國廠商刻意培養緊追在後，雖然它的製造能力與規模是世界最大，大到一年有四、五兆台幣的龐大營收，但因多數產品都是代工，技術上並非獨一無二，所以儘管對中國大陸、對台灣、對世界知名品牌大廠，它的重要性不言而喻，卻還構不成護國神山的地位。

然而，這次由鴻海董事長劉揚偉發起的電動汽車供應鏈 MIH 聯盟，就不一樣了，他已成功的在第一階段號召了 200 多家廠商加入聯盟。他們來自 ICT 產業、汽車整廠及零組件業、精密機械業、石化業、電機業，舉凡一部電動汽車所需要的機械傳動元件、馬達、蓄電池、充電系統、不同控制用途的晶片、智慧螢幕、軟體等等，參加的供應鏈廠家可說是一應俱全，非常完整。聯盟廠商有規模大到營收數千億元的大廠，也有小到規模只有幾億元的專業工廠，裡面不乏在電動汽車供應鏈已有多年認證及供應的營運經驗，隨時可配合品牌電動汽車大廠裝配組合量產需要。

話說回來，未來 10 年是 MIH 聯盟的關鍵發展期，緊接著

聯盟成立後第二階段必須在 3-5 年內落實它在電動汽車產業代工鏈（AMS）極大規模化的地位，做好聯盟廠商分工合作的遊戲規則，除了爭取替歐美日知名汽車大廠代工外，並在台灣建立靈活有效率的整車裝配中心、零組件供應中心，以全球汽車年產銷九千多萬輛，每輛製造成本動輒數十萬元，它會是比智慧手機更大規模的市場。如果全球作為 21 世紀符合地球環保及交通工具代步的電動汽車，其主要機電控制、控制晶片、充電系統、關鍵組件與整車裝配都來自台灣，那麼成為台灣的第二座護國神山將是指日可待的事。

另外，還有個具有十分爆發力的產業，劉揚偉也注意到了，那就是 10-20 年內逐漸成熟，規模比電動汽車還更大的產業，它的名字叫作「智慧型機器人」。試想想，二戰後七十幾年，從 1950 年代起有 3、40 年的時間，工業化國家地區人口高速成長，每個開發中國家步入已開發國家的人口都翻倍，這個世代的人們大量步入老年化。到了 2025 年，年齡超過 70 歲以上的老人超過 20 億人，不論是歐美社會或重視家族照顧的亞洲地區都有龐大經濟能力自主，不想由年輕子女來照顧；而外傭外勞除了成本越高昂的問題之外，也有本國工作機會增多不願遠涉重洋去國外謀生的缺傭問題。

因此，既能幫助老人翻身、扶持走路的粗重工作，又能替老人們居家看護，泡咖啡、穿衣服、開關瓦斯爐火、冷氣機這種舉重、細膩動作兼具的智慧機器人，就變得非常具有市場潛

力。反觀現有市場上的機器人都還停留在固定反覆動作或工廠裝配機器手臂的簡單應用，距離照顧老人起家居住的智慧型機器人應用還有一大發展空間。所謂的「智慧機器人」，它需要硬軟體兩大系統，軟體方面，IC 設計公司要把老人們居家生活所有不同的功能軟體，設計在不同晶片內，有的配合不同感測元件控制視覺、觸覺、嗅覺、味覺，如何因感測元件傳來的訊號（聲音、影像、文字指令、震動、氣味、溫濕度……）然後去指揮機器人，運用它的各種裝備功能，處理老人們的需求。談到這裡，我們就意識到，發展這樣的智慧型機器人牽涉各種技術產業領域，而台灣因數十年已在機電、半導體、通訊、網路、電腦硬軟體與周邊打下的良好基礎，可以說是發展這種智慧機械人產業最好的基地。

從 2015 年打敗天下眾多圍棋好手的 AlphaGo 智慧電腦震驚各界後，結合大數據、人工智慧（AI）、演算法的統合應用開始商業化、大量應用化，所以把美歐亞進步國家老齡化人口的身體特性、愛好、文化生活習慣、經濟能力與消費傾向等建立起數百萬乃至數千萬人大數據庫，已有許多公民營機構分頭在建置；未來配合老人人口某種功能的局部智慧機器人，應該會逐漸成熟。至於全功能智慧機器人還要更長的努力。假使這樣的智慧機器人造價昂貴，大部分老人負擔得起嗎？它會跟未來的全自動電動汽車一樣，一定會朝向租賃的營運模式發展。這種機器人由於運用進步的精密合金材料與新型傳動組件，所

以更換容易，使用壽命又長達 50-100 年，所以相對採分租方式，每個月費用 3-5 萬元，將是已開發國家地區，絕大多數老齡人口可以負擔得起的水準。

　　從這點看來，我們不得不佩服劉揚偉董事長的遠見。其實這樣的智慧機器人與智慧型電動汽車有許多相似共用的功能，所以 MIH 聯盟不是打 10 年的商戰而已。朝這兩大領域發展，先是研發製造，再下來是服務、維修的營運模式，台灣目前加入電動汽車的 800 家廠商，將是台灣智慧製造升級的基礎，也是讓台灣久久遠遠更大的護國神山。

Chapter.2 ▮▮▮▮

台積電的誕生奇蹟

2.1 話說李國鼎——TSMC的開始

　　你知道台灣有家公司2021年營業規模將超過五百億美元，毛利超過50%，市占率接近55%，是台灣唯一營收超過一兆台幣，毛利卻足以與蘋果電腦、英特爾、亞馬遜這幾家全球前五名高獲利跨國公司相比擬的半導體企業嗎？當然，我想你早就猜到了，那就是總部位於新竹科學園區的台灣積體電路公司（TSMC）。

　　我們先來看看2020年台積電創下的經營奇蹟：

- 天下雜誌2021年5月統計的台灣製造業50大，台積電雖然以營收1兆339億而排名第3名，但是「稅後純益」卻是全國之冠，達5,178億。這個數字的概念必須作比較，才能看出跟另外的49個企業集團的不同。要知道第1名的鴻海集團營收是5兆358億，稅後純益卻是1,017億，和碩聯合科技排名第2，營收是1兆3,993億，稅後純益是202億。也就是說這兩個台灣之光（分占全球ICT代工產業的第1、第

2 名），每賺一塊錢的稅後純益相比，台積電是鴻海、和碩的 50 倍。其實更驚人的比較，是台灣前 50 大製造業集團，2020 整年全部加起來的稅後純益是 6,260 億元，居然只有比台積電一家的稅後純益多 1,082 億。

- 5.1 萬名員工平均薪資（含薪水、獎金、股票紅利）170 萬元，每位員工光是獎金、分紅合計平均在 80-150 萬元左右。

- 自 2008 金融風暴後至 2021 年投資總金額超過 2,000 億美元，是 20 年來全台灣中外廠商當中，投資總金額最大的公司，光它一家投資金額就超過同期長達 10 年國內外公司在台總投資金額。

- 它更是台灣股市兩千多家上市櫃公司中，外資投資（買股）比例及金額皆名列前茅最大投資標的。外資占它總資本額的 70-75%，約 190 億股左右。以 2021 年 3 月每股 600 元台幣計算，外資每賣一成股票，就會從台灣股市帶走六千億現金，夠驚人吧。

- 擁有美國、台灣、歐洲加總專利數量第一的企業，及擁有六、七千名研發部門工程師群，是台灣全部產業中單一企業研發人才最多。

話說 1986 年，張忠謀一手籌備台積電的創設時，可沒有國內大企業或大老闆對它有信心，會覺得它是一家發展有潛力，可以捧著大額鈔票去投資的公司。我們這裡講的大老闆在

1980 年代，都是台灣產業赫赫有名的人士，他們包括台塑王永慶、大同林挺生、東元黃茂雄、臺橡、聲寶陳茂榜等企業，政府財經科技首長為了邀集他們投資，出面餐敘、親自打電話懇切說明拜託，努力的動作不一而足。這些大老闆還是存疑而裹足不前。誰會想到 34 年後，這家半導體公司會產生這麼令人震撼的發展，這麼龐大的成就！

　　就拿經營之神台塑集團創辦人王永慶來說吧，一開始張忠謀在引介下去拜訪王董作簡報後，沒動靜，接著經濟部長李達海親自打電話拜託，王董仍不為所動，後來當時的行政院長俞國華再親自打電話，跟王永慶說這是政府重大政策，請他務必支持。要知道，俞國華接中風的孫前院長運璿之前，可是有個綽號：「國民黨大掌櫃」，老蔣總統對他充分信任與倚重，所以除了擔當中央銀行總裁外，當時所謂「黨庫通國庫」，國民黨所有黨營事業與財務支出都是由俞國華拍板決定；因此，深諳政治情勢的王董與幕僚團隊，當然了解這個道理，俞院長親自出馬，一定要給面子。最後，台塑才很勉強的投資了將近 5% 的金額，並且，在台積電成立沒幾年之後，就把擁有的台積電股份統統賣掉，另外成立了南亞科、華亞科兩家半導體相關企業。南亞科專作記憶 IC、DRAM 產業是個起伏很大的市場，賺的時候，賺很多，虧的時候，也虧很大，有陣子曾經成了台塑集團相當大的包袱，虧損了數百億元。有人統計，若是台塑不把它當初的 5% 股份賣掉，留到今天，母股配子股，至少市值

上千億元以上，這大概是台塑董事長王永慶始料未及的事吧。

所以，台積電創業當初，並非一帆風順，而是充滿了變數，過程還頗有些曲曲折折呢。筆者當時在工商時報負責科技相關領域的採訪，對其中籌資創辦過程印象特別深刻，也陸續作了許多相關報導。

要知道，1986 年張忠謀在政務委員李國鼎竭力引薦，行政院長孫運璿邀請下，自美返台，首先擔任的職務是「工業技術研究院院長」。2015 年張忠謀接受筆者採訪時，笑著說，本來以為回來，是在工研院為台灣做點事，沒想到，卻是在台積電為台灣做事。

的確，這事是無心插柳，柳成陰的故事。

1986 年 7 月，張忠謀回台剛接任工研院院長那天，前任院長方賢齊交給他一頁 A4 紙，上面條列急辦事項的清單，項目第一件事，就是要趕緊為美國回來新竹科學園區創業的三家 IC 半導體公司團隊籌建晶圓製造工廠。

這三家華裔創業者來自 IBM、HP、Intel 幾家跨國企業，他們的專長領域都與半導體相關，當初在李國鼎發展高科技政府高層號召鼓勵下，放棄美國大公司的優渥待遇，回到本島剛成立不久的新竹科學園區創業。當時的科學園區環境資源十分貧乏，除了研發環境、辦公室，以及政府的獎勵政策以外，人才、廠房、創投資金等高科技廠商必要的條件都付之闕如，如果政府不能幫他們解決生產工廠問題，巧婦難為無米之炊；沒

有工廠，就沒有晶片可生產出來，最終新竹科學園區第一批半導體公司就要夭折。一旦半途而廢，傳到海外華裔人才的耳中，恐怕就不會再有優秀專家，願意拋棄高薪回來創業了；那麼，剛成立沒多久，本來要作為台灣高科技研發中心的「新竹科學園區」，就會成了空中樓閣，轉型不成，它就會是國內另一個傳統工業區罷了。哪能創造我們今日看到的，全台灣新竹、竹南、台中、台南、路竹這些蓬勃發展的科學園區，一年替舉國家創造 5、6 兆產值的實際成果呢。

如此，李國鼎、孫運璿擘畫多年的心血將成為空中樓閣，幻影一場，這是何等令人扼腕的事。他們兩位政府最高財經科技領導人，尤其是擔任過財經兩部部長經歷，又被蔣經國總統賦予「行政院應用技術發展小組召集人」的李國鼎更是念茲在茲，焦急的不得了，得趕快幫新竹科學園區這三家新創半導體公司，解決當急之務——成立晶圓半導體製造工廠不可。這是當時張忠謀接任工研院院長第一個月面臨的情景。

因此，當方賢齊把那張急辦事項紙張交給張忠謀時，特別叮嚀 Morris：K.T（李國鼎的英文名字簡稱）對這件事特別急，應該幾天內就會來找你談。果不其然，接任院長不到幾天，就接到 KT 的電話，要他隔週一到行政院參加 K.T 主持的會議，討論如何為這三家半導體新創公司找出一個解決方案。事實上，當時的選項之一，就是幫三家各成立一家晶圓廠。可是政府沒那麼多預算，後來就接受張忠謀的建議，傾向於創立一家

有晶圓製造能力的半導體公司，由它幫三家半導體公司生產。

張忠謀向筆者表示，這三家半導體公司其實當初都是規劃做非邏輯 IC 的晶片，他卻規劃導向邏輯 IC 的特殊應用積體電路（ASIC）的製造。政府高層只要因應三家公司要求，早日成立晶圓製造工廠；至於製程技術方向，充分信任 Morris 操盤，由他自行決定。

值得一提的是，1987 年剛成立時的台積電技術來源，主要是工研院電子所的 6 吋晶圓廠，其次是飛利浦部分技術轉讓。那時候晶圓製造主流技術是聯電的 3-5 微米製程，主要產品是消費 IC 領域；反而台積電的 1.5 微米製程比較是曲高和寡，每月兩萬片產能鑑於國內 IC 設計公司只有 30 家，且多屬小型月需產能幾百片，根本消化不了，急需拓展海外市場。這也是TSMC 剛成立時前幾任總經理，都是張忠謀從他熟悉的美國半導體產業找老外來擔任的背景。

1988 年英特爾 CEO 安迪‧葛洛夫來台，張忠謀力邀他到新竹科學園區工廠參觀，希望能取得當時是全球炙手可熱個人電腦微處理器晶片的製造龍頭，這家 Wintel 聯盟大廠的訂單。皇天不負苦心人，隔了一年，通過該公司派來專家小組的兩百項工作問題的所有認證後，終於獲得來自英特爾第一張訂單，馬上把產能填滿，展開台積電開廠以來新的一頁。

這就是當年無心插柳，卻茂盛開花，最後成為一棵龐然大樹，樹蔭護住了台灣這個科技之島的由來。

2.2 張忠謀創台積電的偶然

　　既然，台積電的創立是形勢逼人，為了要留住新竹科學園區第一批半導體晶片公司而規劃，並不是張忠謀從美國帶回來的創業計劃。所以說台積電的成立是個偶然，張忠謀帶頭設廠也是天時、地利、人和下的偶然；初期設立的技術宗旨與三家當初需求的不同，更是陰錯陽差下的結果。

　　但是，在李國鼎的拜託下，張忠謀開始規劃並撰寫了一套創業計劃，也是事實。以當時全台灣兩千萬人口來說，還真的找不出一個能有張忠謀至少一半經驗與能力的人。也就是說，張忠謀從美國回來擔當這個重任之前，經過德州儀器（TI）多年對他的從技術工程師到主管的訓練，甚至於賦予掌握整個半導體部門總經理的高度，加上通用電子（GI）禮聘張忠謀作為半導體事業部總裁的這種全方位的歷練。

　　斯時，他一抵達台灣，剛好遇到這個十萬火急的案子，冥冥之中，上天似乎為台灣準備了這個最佳人選，也為 Morris 職

場人生的第二階段安排一個最佳位置，使得李國鼎可以很放心的把這個重要任務交給他。

對張忠謀來說，1986 年到了台灣的第一份工作，除了整頓工研院外，居然是要他籌備興建一家半導體晶圓製造公司，簡直是為他在美國三家半導體企業累積的 29 年工作經驗，量身訂做的計劃。對他來說，不僅是得心應手，還可能是心目中的一個創業夢想。人生的偶然莫過於此，這是張忠謀 1986 年離開美國之前，想都想不到的發展。

回顧 Morris 成立 TSMC 之前，因為前經濟部長李國鼎（1965-1969 年）及前行政院長孫運璿的遠見與努力，從 1966-1974 年這 9 年間，台灣已經培養了一批半導體人才。雖然集中在電晶體、發光二極體兩項初階應用產品，且都還屬於晶圓製造下游的封裝、測試技術，距離積體電路及晶圓生產其實還有一大段差距，但已算是為台灣半導體產業跨出一小步。

那時候引進外商在台設廠比較著名的案例，包括：
- 電晶體封裝：美商通用（GI）、日商日立（Hitach）。
- 二極體封裝：飛利浦建元（Philips）、環宇電子（ITT）、通用器材（GI）、德州儀（TI）、RCA 等。
- IC 封裝：日商三菱、TI。

1974 年 2 月由經濟部長孫運璿召集，政務委員費驊、交通部長高玉樹、美 RCA 研發長潘文淵、工研院院長王兆振、電信總局局長方賢齊七人，在台北的一家豆漿店召集著名的「豆

漿店會議」，更是決定台灣發展半導體產業的方向。會中決定發展的最快捷徑就是從美國引進半導體先進技術，幾經討論，最後選定技術領域先從 CMOS 型 IC 著手，並選定最有意願最友善的 RCA 公司爲合作夥伴。在人稱「台灣半導體教父」潘文淵積極規劃安排下，帶領了史欽泰、曹興誠、曾繁城、劉英達、宣明智等，一批後來成爲台灣晶圓製造精英的人才赴美受訓。

有了第一批技術人才團隊，1979 年 4 月，先將工研院的「電子工業研究發展中心」升級爲「電子工業研究所」（簡稱電子所）。爲了讓中心培養數年的技術與人才能與工業接軌，同年 9 月成立「聯華電子籌備處」，1980 年 5 月，由曹興誠、宣明智、劉英達主導下正式成立「聯華電子公司」，首期生產的音樂用 IC、電子鐘錶用 IC，即是電子所協助建造的 4 吋晶圓廠所製造，自此展開台灣晶圓完整系統生產的啓端。

李國鼎與作者。

　　　　　　Chapter.2　台積電的誕生奇蹟

2.3 台灣當年最大的投資

　　台積電規劃創立時，筆者正好在工商時報負責跑科技產業的新聞，記得在台積電籌設過程中，我跑出了好幾次獨家新聞，「百億元 VLSI 計劃」就是我當年在報紙上率先採用的名稱。這是當時李國鼎主掌的「行政院科技顧問組」內部作業給它的計劃名稱，開始時並非規劃用到百億台幣預算，而是跨好幾個年度的預算。不管最後的投資是 70 億或 100 億（第一期資本額最後是 55 億元台幣），在 1980 年代，政府年度總預算還是一千多億左右的時候，這樣的投資額，的確是國內對產業單一公司，有史以來最大的一筆投資。

　　既然是這麼大的投資金額，政府從預算或法規的角度，都無法作百分之百的投資，官股最多只能占 49%，所以行政院開發基金最終占 48.3%。以 55 億資本額計算，官股出資將近 27 億元，飛利浦占 27.5%。然而，台積電當初與飛利浦的投資合約中，卻有個條款允許它可以運用選擇權讓飛利浦在台積的股

權過半，這點對台積電上市前形勢十分不利。因此受張忠謀之托負責該公司上市作業的大華證券總經理張孝威，在研究這份合約的選擇權條款後，就極力建議張忠謀不能讓飛利浦占台積電股權一半以上〔**註 5**〕。張忠謀接受了他的建議，最後也勸退飛利浦調整為股票選擇權最多占股 40%，台積電能維持由台灣公民營機構主導，不為外資左右。張孝威這個建議可謂關鍵之極，否則，它就是一家純外資公司，「護國神山」云云，就不會是台灣了。

政府控制的這 49% 投資金額，因為當時的行政院長孫運璿全力支持李國鼎，身兼執政的國民黨大掌櫃央行總裁俞國華也鼎力協助，並且財經內閣多位部次長都是 K.T 的老班底，他們知道這是一項重大政策投資，在公私兩方面都盡力協助。因此，官股控制下的基金或黨營事業投資它問題不大，反倒是另外的民股 51% 錢從哪裡來？成了張忠謀，也是李國鼎最頭痛的問題所在。

為什麼呢？因為即使是最低認股的每家投資 5%，也要將近 3 億元。最後，在飛利浦決定投資及行政院長俞國華、科技大老李國鼎、經濟部長等人力邀之下，台塑、中美和、台聚、華夏、中央投資、誠洲電子、神達電腦、台元紡織等民間企業或黨營事業，勉強湊齊了 24.2% 股權，讓台積電得以啟動。

當初要找這一、二十家大企業投資，對張忠謀而言，也是一件十分不容易的事，一方面這些企業對半導體產業這項新產

業認識有限，對 Morris 本身在半導體產業豐富的閱歷，以及跟這個新事業晶圓代工的關聯也不甚了解，動輒要拿幾億元來投資都躊躇不前。

張忠謀跟筆者說，第二次王永慶請他去台塑當面商量時，王董跟他說：張先生，如果全部投資由台塑集團出資，邀請他來當總經理，年薪可以給 12 萬美元，問張忠謀願不願意？Morris 笑笑跟我說，王董大概不知道，他從 GI 回台灣之前，GI 給他的年薪就有 24 萬美元呢。前幾年，有次媒體訪問曾經擔任台積電第一任董事的王文洋，眾所皆知他是王永慶的長公子，個人代表台塑集團法人股東參加 TSMC 董事會，他向媒體承認，台塑以每股 10 元投資台積電沒幾年，即用每股 17.6 元將該公司手上擁有的台積電股票通通賣掉。

另方面，在吸收外資來投資，也就是尋找跨國科技企業方面，張忠謀處處踢到鐵板，他一共寄出了一、二十份投資企畫書給美歐日跨國公司，包括美國 IBM、HP、Intel，還有老東家德州儀器、通用電子，日本的日立、東芝、三菱、NEC 等，以及歐洲的西門子、飛利浦等公司。令人焦急的是，只有 IBM 與英特爾兩家企業有初步反應，要 Morris 飛一趟去美國總公司進一步簡報；問題是，簡報之後，數個月過去了，苦等之下，仍沒進一步消息。

就在這種沒有一家跨國企業願意承諾投資，國內企業又半推半就的情況下，科技大老李國鼎覺得對國人、對院長、對總

統都不好交待，因此，親自帶張忠謀飛到歐洲，見荷蘭人最引以爲傲的最大跨國企業飛利浦公司，要求拜訪創辦人老飛利浦爵士。

　　時間推前至他們見面的 20 年前，當李國鼎擔任經濟部長時（1965-1969 年），引進了美國的通用電子、德州儀器、OAK，以及來自歐洲的飛利浦來台灣設廠。飛利浦在本國荷蘭以外的第一個電晶體封裝廠就設在台灣，凡是建廠涉及的土地、稅賦、人力、供應鏈等等問題，李國鼎都卯足全力動員各部會、地方政府幫這幾家外商一一解決，使它們順利的在台灣展開亞洲的第一個據點。包括飛利浦在內設在台灣的工廠，2、30 年營運下來，都賺了大錢，尤其飛利浦在台灣兩所工廠，都因爲營運相當成功而讓總公司引以爲傲。

　　李國鼎作爲先前的財經領導人，因爲這幾家電子大廠的落腳台灣，不僅帶來了數萬個就業機會，也爲國家發展電子工業，以及後來的 ICT 產業（資訊、通訊、半導體）培養大批工程師、技術工人。使得他後來推動科學園區及八大重點科技時，有這麼幾萬位電子、機械工程人才作爲發展基礎，才能吸引華裔科技創業團隊回台設廠，讓他們手下有將有兵可用。李國鼎、孫運璿、趙耀東這幾位重臣的格局與視野，是台灣經濟科技能有今天成就的關鍵起因。

　　最後，有兩個助力驅動飛利浦決定投資台積電。首先，如前分析，該公司在亞洲營運點台灣工廠的營運極爲成功，使得

創辦人老飛利浦爵士欠李國鼎一份情；另方面，飛利浦高層多年來對半導體產業一直十分關注，雖不像 TI、RCA 那麼專業與規模，卻持續進行投資營運；因此，當張忠謀以他豐富的半導體產業營運經驗，進行具體又有內容的簡報時，即讓飛利浦決策團隊深為折服。最後，老董事長拍板決定參與，終於千盼萬盼引來了第一家外商投資；而且雙方協調在初期 27.5% 投資比重之外，合約允許該公司享有更大的投資比例，甚至大到超過 49%！

回想起來，飛利浦這筆投資當初雖然有點被動，受到李國鼎行動力感召，加上張忠謀足夠說服力的最佳組合；然而，歪打正著的是，事隔十幾年後，當台積電股票逐年高漲，來到百元上下時，以每股 10 元認股的飛利浦高層，卻遭遇了數十年來營運首見的亂流，總營收接近虧損邊緣。還好，就靠賣「業外投資」項目下的台積電股票，讓它撐過了幾年帳面虧損的難堪局面。

飛利浦最初占總股份的 27.5%，僅次於行政院開發基金的 48.3% 是第二大股東，從 2000 年起陸續賣掉手中的台積股票，到 2008 年全部賣光。有人幫台塑集團與飛利浦的投資報酬率做比較，前者賺了將近七成左右，看來很不錯了，對不對？然而，飛利浦的投資報酬率卻是 300 倍！兩家公司如果把台積股票放到 2020 年，將更驚人，報酬率超過千倍。所以說，世事難料，飛利浦老爵士的接班人，要很感謝 1986 年有李國鼎與

張忠謀連袂訪問該公司，在當時全球沒有一家知名跨國公司願意投資之時，飛利浦伸出援手，在「好人有好報」因果循環下，卻成了該公司後來連續數年解救「營運虧損」的大貴人。

台灣當初要發展半導體產業有什麼條件呢？

回顧 1980 年代，台灣開始發展半導體產業，看看當時周遭的世界，除了美國大力發展半導體產業以外，就只有日本及荷蘭幾家大廠投入。台灣既沒人才又沒資金，更沒有市場，怎麼會想到發展半導體工業？ 1994 年，也就是台積電成立後的第七年，張忠謀當年的一次公開演講就給出了答案。他提到：台灣發展半導體產業有六項優勢〔**註6**〕，包括：

1. 技術人才充沛

這項優勢在本書 4.2 有詳細的描述。

2. 資本及投資意願

1994 年台灣的政經環境，可看出半導體產業已成為政府與民間共同積極推動的新興產業，在此同時，個人電腦經過李國鼎等具前瞻性與執行力相關技術官僚的努力，配合民間數千家上下游廠商的齊頭並進，儼然成為近一兆元規模的產業。所以

大家對半導體產業有相同的盼望，願意投入資金與人才，也有上百家 IC 設計業形成，及幾家晶圓製造廠的建置，比起領先全球的美國半導體業我們已具備了發展的基礎優勢。

3. 非勞力密集產業

　　台灣從 1965 年開始的勞力密集加工出口區的概念，到 80 年代發展 ICT 產業已經歷成功的轉型，但是個人電腦產業仍是需要龐大作業人力與工程師的產業。所以 90 年代初宏碁、神通、廣達、鴻海等大廠與供應鏈，不得不將工廠移至大陸廣東省地區，利用那裡極低成本的土地與勞力優勢，然後保留研發與營運總部在台灣，這樣策略的轉變讓個人電腦產業更蓬勃發展。

　　半導體產業不同於個人電腦產業，它是資金與技術密集的產業，直接人工的所謂生產線作業人力，占的比重相當少；反之，需要腦力的工程師間接人工比重極大，每個人的生產力高出電腦產業甚大。以 2020 年 TSMC 營收 1.33 兆除以 5.3 萬個員工計算，平均每位員工的生產力是台幣 2,400 萬元！

　　鴻海從事 EMS 代工，雖然有高達 5.5 兆營收的規模，但是它的員工兩岸加起來超過一百萬人，平均每位員工的生產力卻僅 400 萬元上下。如果拿來跟一般傳統產業每人生產力平均 1-2 百萬元相比，生產力又相差更遠了。所以，晶圓代工真的是技術密集高度生產力的產業。

4. 政府政策的鼓勵

　　張忠謀在他發表過的演講或接受記者訪問，一向推崇台灣的政府在推動半導體產業的極具關鍵與貢獻，本書第一章也做了不少說明。從設立工研院導引半導體技術的開發培養了第一批半導體人才，到科學園區提供土地、標準廠房、優美的工作環境，到租稅優惠等，他認為這些政策壯大了台灣半導體產業成就的功臣。

　　自 1980 年代起 20 年，筆者因為主跑科技路線新聞，有將近 10 年的時間，親身觀察了政府經濟、科技官員由上到下的努力與專業，這些散布在經濟部、國科會、科學園區、工研院的領導團隊與工作同仁，他們無私認真的奉獻，使我們發展半導體產業在關鍵的前 20 年，建立了非常優秀的架構與優勢，形成了今天晶圓代工及封裝世界第一，IC 設計世界第二，以及記憶體產業世界排名第三、四名的成就。

5. 低污染

　　半導體的製程牽涉到許多繁雜的步驟，過程需要水、各種不同氣體、無菌無塵室的環境等，為何 Morris 會說它是一個低汙染的行業？他解釋：「現代的設備更可以把汙染減到最低限度，對半導體業而言，在環保意識強烈的環境內，這是一個優勢。」

6. 國際市場開放

　　從 1970 年代美歐多家半導體大廠，來台灣設立電晶體封裝等低階產品開始，就說明了半導體產業比起一般傳統產業更加開放、國際化；也就是說始作俑者的美國半導體產業，是放任的、不設限的，哪裡有政策優惠、有成本優勢、有各種人才，就往哪裡發展。台灣就在這樣的「天時、地利、人和」之下，把半導體產業做大。

三個傑出華人李國鼎（中）、張忠謀（右）與王安博士參加重要會議。（作者攝）

2.4 晶圓代工模式是誰創造的？

　　這個問題在 1990 年代，台積電撐過了營運的低潮，開始邁開成長的步伐時，成為財經科技媒體探討報導的重點。到底，「晶圓代工模式」是誰創造的？有人說，是聯電董事長曹興誠拿著這份企劃書見高層，結果卻交到了張忠謀的手裡；也有人說，這樣的營運模式很早就在 Morris 的腦海裡，只不過陰錯陽差，李國鼎要他籌備一家晶圓製造廠，他就拿來練兵。

　　筆者曾拿這個問題請教孫運璿基金會執行長史欽泰，他可以說是最有資格對這個問題加以評斷的局中人，原因有三。其一：張忠謀回台接工研院院長時，史欽泰是工研院電子所所長（後來晉升為副院長、院長），半導體的研究團隊就屬於他領導的部門，台積電成立時第一批員工幹部就是從該所移轉過去的，後來張忠謀把他升任副院長，Morris 自己升董事長時又推薦史欽泰當院長，他們兩人在 Morris 剛回台灣的那幾年，有充分的共事與默契。

其二：曹興誠跟宣明智、劉英達創立聯華電子之前，是電子所負責業務推展的副所長，跟史欽泰共事多年，聯電創設過程中筆者觀察史欽泰亦提供聯電建廠過程中不少的協助。

其三：台灣在 1970 年代開始，由工研院顧問潘文淵計劃下，曾草擬了首批半導體人才訓練計劃，推舉數十人送到美國 RCA 接受職場場域的訓練。曹興誠、史欽泰與台積電後來擔任副董事長的曾繁城，都是這批送到海外培養半導體技術、營運中的團隊成員。

因此，當筆者請教史欽泰執行長，到底「晶圓代工模式」是曹興誠還是張忠謀創造的？這個問題時，他回答，其實這樣的晶圓代工模式，遠在台積電成立之前的 5、6 年，美國一位半導體專家寫了一本書，裡面有個章節就提到了，半導體晶片上中下游生產供應鏈當中，應該有「晶圓代工」這樣營運模式的可能。

如果往前推溯，早在徐賢修擔任工研院院長的時代，透過與美國 RCA 關係很好的工研院顧問潘文淵的牽線，工研院特別圈選了該院電子所一批電子人才去受訓，這批人才分成兩組，一組學半導體（晶片）設計，聯發科創辦人蔡明介就是其中一人，另一組學晶片製造，曾繁城、劉英達、曹興誠就是其中幾人。當時美國較具規模的半導體整合（IDM）公司基於半導體是新興的高科技，為保護營業機密都不歡迎國外科技人士來參觀，更遑論代為訓練了，唯獨 RCA 為什麼這麼大方？原

因有二，除了潘文淵的接引關係外，早期李國鼎擔任經濟部長時，RCA 就是 K.T. 引進設廠的幾家美歐跨國企業其中的一家，並且在台灣賺了大錢，算是欠 K.T. 一份情，並且以老美當時掌握這個先進產業，人才技術遙遙領先的態勢，RCA 高層也不認為來這麼些人這麼短期的訓練能帶走什麼技術！在這種心態下，得以接納台灣第一批半導體培訓人才。卻沒想到這批人才的優秀與電子理論底子深厚，很快的吸收半導體產業供應鏈的關鍵概念，開啓了台灣半導體產業的開始。先是公家出資，由電子所幾位要角曹興誠、宣明智、劉英達創設了聯華電子，接著三家華裔專家群在新竹科學園區創設他們的半導體公司。

那個時候，當紅炸子雞的全球半導體公司就是 IBM、德州儀器（TI）、英特爾、RCA 等幾家，他們都是從晶片設計、製造、封裝一條龍的所謂系統整合（IDM）型態公司，並沒有所謂 IC 設計與晶圓生產分開的業態。當新竹科學園區三家歸國專家們急著要政府協助投資成立工廠，政府又沒有這麼多龐大經費預算可以同時滿足他們需要的當下，張忠謀適時的出現，陰錯陽差的先接工研院院長，接著卻創起業來。本來三家要的只是生產簡單的消費電子類比 IC 技術，結果張忠謀卻端出了高低端都可以共用生產的完整邏輯晶片生產技術。您說，這是不是天意？

據了解，當年這三家半導體新創公司需要的晶片生產也考慮採用聯電的生產產能，但因為那幾年消費電子晶片市場熱

賣。筆者曾報導聯電一款裝在娃娃玩具內的回聲 IC 聖誕節前後，歐美市場熱賣，聯電產能供不應求，從這點來看，聯電撥不出產能給三家園區新創半導體團隊確實是極有可能的事，卻也間接促成了台積電的誕生。

回應前面的三點分析，既然，該書比起瑜亮情結的張曹兩人糾纏多年的問題更早幾年出現，不就說明了創始的主意，不是來自他們兩人中的任一人。話說回來，經過多年後的 2020 年 12 月，工研院頒發獎盃給 50 年來對該院有傑出貢獻的人士中，張忠謀、曹興誠都獲獎，兩人也趁機適時的擁抱對手握手共賀，成為本事件爭論多年，最完美的結局。

Chapter.3 ▮▮▮▮

張忠謀本事從何來？

3.1 MIT 與希凡尼亞

　　張忠謀這幾年在國內外應邀的演講中都提到，影響他一生志趣最大的關鍵，就是在哈佛大學的一年，也就是大一那學年。其實包含前後暑假在內哈佛校園整整 14 個月生活與學習當中，他有三大收穫。第一：他的英文讀說寫都扎下深厚的基礎，室友裡頭有學音樂的帶他去聽交響樂、觀賞歌劇；有學建築、藝術的同學帶他去逛博物館；也有念政治的談剛剛淪陷的中國大陸。他那一年交往的兩個白人好朋友辛克萊帶他去看籃球和冰上曲棍球賽，柏曼跟他聊文學，談天說地。

　　第二：他學會交朋友，自此了解拓展人際關係的重要原則就是「以誠待人」。哈佛一年級生 1,100 多名同宿舍中有物理、數學、化學、人類學、政治、經濟、醫學、外交等系。第三：他養成了廣泛的興趣，包括多元化的閱讀、觀賞戲劇、欣賞古典音樂等。最後，Morris 以海明威形容巴黎那種多元、豐富的人文浪漫情懷，名句：「可帶走的盛宴」來形容他在哈佛十幾

個月深刻的體會。〔註6〕

　　一般而言，從小學到中學的教育學習過程，往往會樹立一個人一生的人格與抱負，張忠謀也不例外，從小，他的家族頗有資產，生活算是優渥的，所以當為了避開日本人挑起的、逐漸逼近的上海戰事，全家搬到香港時，張忠謀以「世外桃源」來形容他在香港小學 6 年的生活。後來日本軍隊又前進香港，他們被迫又搬到戰時首都重慶。他在南開中學的初中三年對他影響最大，也樹立了國家民族為國抱負的觀念。因此，當 1986 年張忠謀還猶疑未定是否從美國赴台工作時，孫運璿、李國鼎兩位大老，以他們都七十幾歲還在為國家產業做事，跟張忠謀曉以大義。本來還考慮兩邊工作待遇相差太大的 Morris，被心底少年的教育心靈喚醒，決定回來貢獻台灣，這一決定，啟開了台灣半導體產業嶄新的一頁。

　　此外，從我這個旁觀者來看，Morris 回台創立台積電當董事長的 30 年，他有兩個長年習慣跟當年在哈佛的養成教育息息相關，一個是終生廣泛閱讀的習慣，他工作再怎麼忙，每週閱讀一本新書（英文為主、中文為次），從中得到樂趣與學習。另一個是「周遊列國」交朋友、擴展視野與見解的習慣，他曾向媒體表達，擔任台積電董事長，他抽出工作時間的兩成，拜訪全球政治、經濟、科技各領域領導人。身為世界級知名企業負責人，以及在半導體產業一甲子的歲月，本來他就認識世界各領域的重量級官員、企業家、科學家，除此之外，他接受

蔡英文總統多次委任，擔當 APEC 台灣代表與會，也因此能與亞太地區許多國家元首、部長與企業家們齊聚一堂，更擴展了他的世界級人脈。這種到國外親自登門訪問，除了見面三分情深化交情外，主要經由親身觀察、對談，可增長許多見聞，也培養對各領域的了解與敏感度，強化對全球變動趨勢特性的掌握。這是在跨國企業老闆身上很難見到的特質，卻是張忠謀作為董事長，分別在 21 世紀的開始，作了兩項連董事會以及左右大都不見得贊成的重大投資決策，即 2000 年購併德碁與世大，以及 2009 年擴大數百億美元投資新廠的決定之背景。事後證明他的前瞻性與精確決策力，使得台積電在這兩個關鍵階段都大躍進，產能與規模大大超越了競爭對手。

這種洞察力與決策力，固然是美國半導體產業職場從工程師到主管，從技術到業務到管理職所培養的能力密切相關，追根究底，還跟他年輕在哈佛 14 個月的多元探索有深遠的關係。

後來在 MIT 從大二到研究所的 5 年，經歷的時間是哈佛的近五倍，可是因為他急著畢業（經濟壓力），學習過程又太急促，除了成績不如哈佛表現外，他事後也覺得學習效果不夠好，尤其最後兩年他一連報考 MIT 博士資格考都沒過，對張忠謀的打擊相當大。然而，「塞翁失馬，焉知非福」，沒有這段名落孫山的負面衝擊，就不會讓他想提早就業；沒有提早就業，也就不會一頭栽入半導體這個新產業。

很多人進入職場的第一份工作都十分偶然，張忠謀也不例

外。當他 1955 年從麻省理工學院（MIT）機械系研究所畢業那年，想都沒想過畢生會在一個叫半導體的新產業度過人生一甲子的工作歲月。

　　回顧 Morris1955 年求職時，經過一連串遞履歷表、面試後，大企業「福特汽車」與一家剛成立的小公司「希凡尼亞」兩家公司都發了錄取通知書，讓他面臨抉擇時，他本來是中意福特汽車公司提供的職位〔**註6**〕，沒想到因福特面試的主管不肯把通知的薪水（479 美元月薪）調高一點，年輕又氣盛的 Morris 就作了前往希凡尼亞（480 美元月薪）工作的決定；也因為爭取福特汽車加薪未果，反而讓他徹底的與機械領域脫鉤，走上半導體產業這條新路，開拓了人生意想不到的另一條路。這一轉念，影響了他一生的職場面向，更為他的人生成就了一番大事業。

3.2 德州儀器輝煌的 25 年

　　半導體的發明與發展是從美國開始的，第一階段（1948-1958 年）是電晶體作為半導體重心的時代，先是鍺電晶體，再來是矽電晶體。1958 年基爾比與諾伊斯發明了積體電路，能把不同的多個元件與線路放在一片微小晶片上，使得配合不同電子產品的系統功能得以整體控制在一個晶片內，這是一個半導體發展里程碑過程中，劃時代的發明！以此作為分水嶺，就展開了所謂「積體電路」的時代。

　　幸運的是，張忠謀 1955 年 5 月進入了做鍺電晶體的希凡尼亞，3 年後的 1958 年 4 月又轉進了德州儀器（TI），那時候 TI 研發部負責人底爾剛發明了矽電晶體不久，因為矽電晶體的出現，把德州儀器從一家小公司迅速拉大成為一家頗具規模的公司，張忠謀形容這是「以小博大」成功的典範。大公司人才濟濟、資源雄厚，可是小公司如果因為「技術轉折點」而突破，卻可以在短短幾年之間，超越現存的大公司。這樣的現象顛覆

了傳統產業百年習慣，1950年代半導體的出現，從此，形成了後來六、七十年因一項高科技技術的大創新，使得小蝦米幾年下來變成一頭鯨魚的新模式。早期的半導體產業是這樣，後來的英特爾、蘋果電腦、微軟、臉書、Google在他們的產業，或是技術領先群，或是營運模式的創始者，無一不是短短幾年之間迅速壯大，把發展百年的大公司市值遠遠拋在後面。

前文所述，張忠謀進入半導體產業雖然是偶然，但進入時機卻是最好的時間點，不僅第一家希凡尼亞做出了鍺電晶體，德州儀器這家半導體新秀，在張忠謀進入服務的前10年，分別領先研發出半導體領域的兩大發明——矽電晶體與積體電路。張忠謀的同事都是當時全美（其實等同全世界）最優秀的半導體大師級人才。進入半導體產業的前十年，就全面接觸到半導體三個關鍵階段的發展，這是他職場專業方面非常幸運的一件事。

全球半導體產業的啟蒙地——美國，讓剛從麻省理工學院畢業的張忠謀躬逢其時，每一階段技術演變的發展，主要發明人不是他的朋友，就是他的同事。雖然是學機械的背景，他卻靠自修、請教公司優秀同事的兩個管道，精進學習，搞懂並掌握了半導體關鍵技術發展的演變與特性。

也因為他工作方面的傑出表現，德州儀器高層後來送他去史丹佛大學進修電機博士，不僅讓他得以與幾位半導體大師級人物如蕭克利（《半導體中的電子與電洞》的作者，*Electrons and Holes in Semiconductors, William Shockley*)、毛爾（貝爾實驗室理論大將）、皮爾遜（貝爾實驗室實驗大將）等人建立人脈，也對半導體技術有更完整深入的認識。這番境遇不僅圓了他年輕時未能通過 MIT 博士資格考試的夢，回到德州儀器後，還因此逐漸培養成為中高階經營主管的領導才能，在 1964、1965、1966 這三年分別擔任 TI 鍺電晶體部、矽電晶體部、積體電路部的總經理，練就了一身的半導體技術與領導本事。

2020 年 10 月 4 日，張忠謀應邀到新竹清華大學演講：「總經理的學習」。他講到從史丹佛大學拿到電機博士回到 TI 三個月不到，就升為事業單位總經理，管理的部門有三千員工，其中 2,500-2,600 位是作業員，張忠謀承認這是他事業生命中最重要的一次升遷。他提到雖然銷售部門不歸他管，但是所有產品業務都要聯席會議去決定訂價，所以這個半導體事業部門是訓練總經理全方位能力的一個好機會。可以說，華裔人才從 1950 年代到 1980 年代歷經生產、研發、業務、行銷，從工程師到經理，到掌管整個半導體部門總經理，這樣的完整歷練與成就，在當代華人當中張忠謀是第一人！

這個準備好的完整能力，讓他一到台灣，李國鼎請他幫忙籌劃「台灣積體電路股份有限公司」這件新差事時，馬上得以充分發揮。所以說，這是台灣的「國運昌隆」，是台灣發展世界級半導體成功的關鍵。在 1985 年，如果不是李國鼎促成了

三批來自 IBM、英特爾等美國大公司華裔人才回到台灣，在新竹科學園區落腳創業，然後這三家急著要政府投資設立晶圓廠以便生產半導體產品，開展他們的事業的因素；加之如果不是我們的頂尖大學在 1970、80 年代送了幾千位理工科畢業生去美國進修碩博士學位，並從事半導體產業相關工作，以至於 1990 年開始台積電大步成長，聯電逐漸壯大，我們已經有數千上萬位現成的人才在美國。一旦台灣半導體產業舞台布置就位，這些人才逐漸爲我所用，TSMC 現任董事長劉德音、執行總裁魏哲家就是最顯著的兩個例子。

劉德音從建中到台大電機畢業，赴美念完柏克萊電機博士後，分別在貝爾實驗室、英特爾做過幾年事，1993 年回台灣到台積電時，從基層經理做起，實務經驗非常豐富，TSMC 第一座 12 吋晶圓廠就是在他手中完成，也負責興辦過幾項新事業。

魏哲家台灣交大電子工程碩士畢業後，赴美念耶魯電機博士，留在美國半導體業工作多年，他被延攬回台積電之前，是新加坡格羅方德半導體公司副總，職階很高。台積電 3D 感測技術當年高通技術副總來台積電內部簡報時，多數人不覺得這個案子具前瞻性，就是魏哲家慧眼看重，大力支持。後來，蘋果電腦跟安卓系統兩大都採用這個 FaceID 技術，正是爲魏哲家的戰績之一。

他們兩位領導人的成就，正是台灣半導體產業今天有全球傲人實力，當年人才大量赴美取經下的成果。

回頭再看看張忠謀 1986 年回台時，就是在這樣「天時、地利、人和」的情況下，爲台灣晶圓代工產業展開了轟轟烈烈的序幕。

　　Morris 對 CEO 職責之一，有段很有趣的定義：「CEO 最大的責任，就是把外面的世界，搬到企業內，動員公司全部資源來迎接外部挑戰。CEO 是公司內外最重要的連結。」這句話眞的是爲全世界中大型跨國企業 CEO 的角色，作了最有力、最適當的註腳。

　　正是如此，人生職場處處有驚奇，碰到挫折時，只要不失志，繼續奮發努力，上蒼總會幫你開另一扇窗。張忠謀連續兩年被 MIT 將他拒絕在機械博士門外，卻開啓了進入半導體領域的門。當我們政府領導人正苦於如何解決三家歸國華裔專家要求設廠一事，Morris 的職場人生突然出現空檔，簡直是爲台灣後來繁榮三十多年的半導體晶圓代工產業，準備了一個最佳人才。個人的命運跟國家產業的命運居然交會在一起，眞是佛家講的「因緣合和」，台灣與 Morris 的大幸啊！

3.3 做中學的 Morris ——
張忠謀的政治智慧

「活到老，學到老」是每個人成長過程中常聽到的一句話，但是台灣的教育制度使得很多人在度過了聯考填鴨式教育後，視「讀書」為畏途，不再把閱讀新書當作終生習慣。每天看看有限的報紙、雜誌、網路信息，被動的接受人家餵給你的資訊，以至於眼界、智慧受到侷限，無法養成寬闊的視野，以及獨立判斷的能力。

張忠謀可以說是「活到老，學到老」的終生實踐者。

張忠謀在他的第一本自傳中提到他剛進入希凡尼亞半導體公司，如何與半導體結緣：「我開始自修半導體，我的課本是蕭克利的經典作《半導體的電子與電洞》，對一個初學者，這是一本相當艱深的課本，我一字、一句、一段慢慢地讀，讀了又想，想了又讀，竟已讀懂了全書最重要的部分。」

在半導體產業有不少知名領導人，原先學習的專業與電機電子無關，像張忠謀進入希凡尼亞半導體公司之前，是 MIT 機

械所畢業生；被稱為「台灣 DRAM 教父」的高啓全，原先在美國學的是化學。憑他們的天分、認真與努力，加上做中學，很快地建立個人在半導體產業的修爲。張忠謀一直到從台積電退休前一刻，每週還閱讀技術相關文獻或報告，這就是他能保持與半導體市場發展趨勢同步而不脫節的最好例證。

令人意外的是，Morris 在 TI 工作的第四年，因爲他前三年多的優異表現，公司高層決定進一步培養他，由公司支付所有費用，送他去加州矽谷所在地的史丹佛大學念電機博士學位，以便日後能接任眾多博士聚集的德儀研發部門副總裁職務，Morris 只花了兩年半的時間就得到他在年輕時夢寐以求的工學博士學歷，洗刷了他自機械所畢業時連考兩次 MIT 機械博士資格考失利的恥辱，更是他進入職場做中學最佳的範例。

張忠謀的政治智慧

55 歲才到台灣創立台積電的張忠謀，在這之前，雖然因爲擔任行政院科技顧問組科技顧問，曾到過台北、新竹等地開過幾次會議，基本上，對台灣的政治文化習慣的了解，是一張白紙。筆者從 1986 年採訪認識他，到現在 35 年的時間，觀察他以一個國外生活超過半甲子的成熟中年人，來到台灣草創事業，跟產官學研各黨各界人士接觸，卻無師自通自我修練。幾

十年來，在台灣工作生活風格獨樹一幟，從沒在台灣的媒體出現任何八卦或負面新聞，以他統率數萬人的工程大軍，也沒聽過任何員工私下透過媒體放話。唯一的一件負面事件，各報紙電視媒體爭相報導的，就是他卸任執行長交給蔡力行的第3年，因蔡執行長無預警開除數百位台積電員工。這些員工除了向媒體告狀外，還相偕到 Morris 住的地方去抗議，雖然不是他處置的事件，卻讓他的形象第一次與負面新聞聯在一起。

尤其，眾所皆知，台灣檯面上的企業大老闆，最怕與兩種人打交道，即政客與股民，前者夾怨報復，私下要脅惡行惡狀，後者民粹化，在股東大會上情緒掛帥說話沒有遮攔，都不好惹。

Morris 的風格是什麼？以一個故事來說明。1980-1995 年時是台灣股市衝衝衝，衝到達兩萬點又傾瀉而下的階段，多少跑產業、股票市場的媒體記者與股市所謂公司派，或市場派私下勾結，在媒體上放話，應該小心購買某類股票時，卻拚命放利多消息，等到股民被誤導前仆後繼買下該股票，推高到一個高價時，這些檯面下的組合人物，再把手上股票趁高賣掉。此外，或者故意放空某類股票，私下與這些市場派人物再大量進股，等下一波再炒作一番。最倒霉當然是那些菜籃族、誤信媒體報導的小股民，多少人因而傾家蕩產。張忠謀領導下的台積電怎麼做？首先，他不跟媒體主動接觸，媒體要採訪他，他會在記者會上公開說明，不接受私下採訪。有位電視名嘴跟筆者一起跑科技新聞時，張忠謀接任工研院院長，整頓三個月後第

一次召開記者會，該名嘴那時在某大報跑新聞，卻在隔幾天後收到台積電張忠謀的一封信，說他報導內容與記者會發布事實不符合。要知道這些大報的記者被形容為無冕王（報禁是1987年以後才開放），即使偶爾寫錯，官員或企業高官也只好忍氣吞下，私下請求再發個修正新聞；因此，Morris這個作風消息在同業傳開之後，大家就知道寫台積電或引述張忠謀的話，不能太馬虎或誤導，否則輕則來函要求修正，重則可能吃上官司。並且，台積電從無招待記者或與媒體上下階層邀宴吃飯公關交往這類事，數十年來一以貫之。從此，「大夫無私交」，媒體記者與張忠謀、台積電之間只有在公開的記者會、法說會見面，這樣的關係。那些新聞界敗類，也就杜絕了利用訪問張忠謀在媒體炒作台積電股票的念頭，也因此，台積電以占台灣股票市場兩成市值以上比重的2,600萬張股票上市二十幾年，卻從未有來自公司高層炒作誤導事件發生。

那麼Morris應對政黨、政治官員的立場呢？張忠謀的政治智慧來自他的操守與價值觀，也跟他在美式大型企業多年工作經驗相關。要知道IBM、TI、英特爾這些跨國公司的經營原則是絕對不能用金錢收買記者或政府官員，也不能昧於事實誤導媒體，這些準則深深印在張忠謀的腦海中，也成為他治理台積電的原則。觀察台積電這幾十年來的作為，領導團隊與新竹、台中、台南各個地方官員或科學園區主管打交道，都是就事論事，以科學、專業、數據溝通，並且準備充分，而非事到臨頭

匆促從事，並且怪東怪西；但是地方政府有困難，或社會團體在推動有意義的專案時經費碰到阻力，張忠謀領導下的台積電或基金會，會伸出援手，一如本書 6.2 章節，列舉的許多社會公益事件可得知。

民主社會每到選舉，經費大小決定了候選人打各種宣傳戰、做足形象的本錢，各政黨候選人為了選舉經費都要卯足力氣及影響力，去向各中大型企業負責人募款，只要開了例，那麼募款的候選人從地方議員、縣市長到全國性的立法委員、總統競選，層層關係都要應付。許多企業老闆為了不得罪任何一方，來者不拒，給個錢了事。然而，張忠謀打從經營台積電開始，就建立不私下請託、不私下給錢的這個鐵律。逐漸的，政治圈內人物就知道 Morris 的這個治事原則，不必再三透過各種管道拜託捐獻，自討沒趣。這樣的作風在台灣非常難得，是一股清流，也是一種典範。

在擔任台積電以外的公共職務時，Morris 也相當審慎，只要是國家級的會議他都會本著過去擔任科技顧問的角色，在會中知無不言，言無不盡。從他回國興辦台積電開始，政府高層參與的功能是關鍵，他知道政策的支持非常重要；因此，政府領導人不管是哪一黨派執政，只要對國家社會有正面意義，而非為個人利益的邀請或職務，他都會參與。這十多年來，他代表不同黨派總統推舉，擔任 APEC 台灣代表多次，就是一個具體例子。在歷屆的台灣 APEC 代表中，也因為他的政治色彩最

淡，企業經營成就又空前成功，與會的各國領導人（包括中國大陸領導人在內），他都可以輕鬆與對方交談與溝通，做了一個稱職的 APEC 大使。

民間團體方面，他也不輕易參與公協會的事務。筆者印象中，除了「台灣半導體產業協會」成立時，他擔任過創會第一任理事長，讓該會會務得以順利開展、運作以外，他不曾擔任其他公協會職務，即使是號稱全國三大產業公會：工業總會、商業總會、工商協進會屢屢邀他入會，他都不為所動。

一般人以為上述三個全國性團體是台灣最大公協會組織，其實不然，在李國鼎帶領推動科技產業政策的時代，筆者從旁觀察多年，李國鼎從不找這三個總會團體理事長諮商，而是以「台北市電腦商業同業公會」（當時理事長是施振榮）及「電子電機公會」為主要的政策徵詢意見對象。事實上，論兩家公會會員家數（二、三萬家）、產業規模（占台灣出口值七成以上）、全職會務人員數目（150-350 人），這兩個公會分居全國前兩名，即便是「中華民國資訊軟體協會」也擁有會務人員一百多名，規模也在前幾名。這些年來政府經濟產業主管官員，找前述三個總會談政策是緣木求魚，不如面對這三個公協會來得專業、具代表性。

Chapter.4

台積電七大核心競爭優勢

　　這麼多年來研究台積電競爭力的專家學者很多，筆者歸納台積電成功的核心競爭力方程式，主要有七大項：美式制度台式管理、兩萬資深研發技術團隊、一流而實在的企業文化、卓越技術與資金智慧財產權布局、完整的產業供應鏈、高度競爭力的報價制度、創新的服務模式，這些關鍵能力，當你越深入了解，就會明白台積電未來 10 年，為何會繼續保持晶圓代工龍頭老大地位，以及毛利率維持超高水準的核心因素所在！

4.1 台積電的美式制度，台式領導

　　話說台積電的制度是個傳奇，多年來一直是國內大多數中大型企業效法學習的對象。2021 年依照天下雜誌「台灣製造業一千大」的統計，年營收創下千億台幣以上的企業已有 39 家，超過百億營業額的也有 283 家，規模越來越大，公司業務遍布全世界，子公司散布數十國家的所謂跨國公司也有數百家，然而制度上要做到國際化難，要能做到像 IBM、高盛、雙 B 這種跨國企業建立的制度化更難。

　　為什麼專業又多元的企業制度設計這麼難？台灣優秀的中大型企業五十幾年來學習美、日的製造管理技術，不但學得有模有樣，並且還青出於藍，代工產業做的比他們強，而成為上百項電腦、電子產品世界第一供應中心的地位，這裡面結合了採購、生產技術、供應鏈管理、全球物流、品質控制、設計研發等各項技術的精進，不是 3、5 年功夫可以做到。

　　然而，如果把這生產相關的管理放射到公司全面性組織功

能的設計，卻發現財務、人事乃至於研發、銷售與行銷管理等領域，卻很難做到現代化一流的制度。

推究起來，跟兩個主要因素有關，首先，是領導決策主管的觀念跟作風。製造業流行一句話：「計畫趕不上變化，變化趕不上老闆的一句話」，深入了解，像 IBM、微軟或蘋果電腦這樣的國際企業有策略規劃，有預算機制，每個部門按年度預算規劃按部就班執行，即使市場或客戶行為有突然的變化，除非是大到像 2008 年全球金融風暴這麼巨大影響，一般來說，都可以在計劃內允許的容許率作調整，整個營收機制因應多年成熟的經驗運作，不會有突然大的變化。當然，這種從預算到人事的種種制度化，必須公司有高毛利的收入前提來支撐，如此，從跨國企業總部到世界各地區分公司才能有效的管理運作。

台式企業就不同了，常常一個商機，一個訂單，或一個因應市場變化突然插進來的計畫，就會把原先相關部門的年度規劃給打亂了。如果這樣的情況變成常態，那麼就會形成「計劃永遠趕不上變化」的現象，幾次下來，想要制度化也就緣木求魚了。

另一個因素就是企業過去的高成長成就。像電腦、電子、石化、機械（汽車零組件、自行車業），自 1970 年代的民生型生產事業，到 1980 年代的電腦、電子等產業都曾經有二、三十年輝煌的高成長，在這期間，各部門忙著接單生產交貨都

來不及，哪有時間去建立看起來沒那麼迫切性的制度化工作？

我們觀察今天的歐美日企業，他們有成千上萬家公司成立至今，都有一、二百年以上的歷史，兩岸的中國或台灣企業相對卻非常稀少；尤其製造產業面對科技日新月異變化的今天，要追求永續經營，真是談何容易。這個關鍵之一，就是企業領導階層，人治味道濃，遵循制度運作難。

台積電相較亞洲多數大企業不同的是，張忠謀一開始在職場就接受美式一流企業的薰陶，將近 30 年的時間，讓他觀察到產銷人發財的諸多好的制度或不良的設計，因此，在逐步發展台積電生產與業務的同時，他就注意到如何延攬優秀的主管，幫他建立各部門良好的制度，才能以不到 40 年的公司歷史，卻做到 6、70 歲企業做不到的「制度化」。而它是什麼力量驅動的呢？

制度建立難在開始

我們深入了解台積電的制度，就要從 Morris 草創時期的理念，它在 1994 年談到：

半導體的市場和競爭是國際性的……要吸引或留住高級人才，要在此日新月異的行業競爭，而競爭的對象又是世界級的大公司，我們必須採取世界級的經營方式。所謂世界級經營，

當然也因應各國文化而不同……但有幾點是共通的：

- 管理應採領導式，而非權威式。
- 組織應採扁平型。
- 研發應該是公司的重要工作。
- 用人應採唯才適用原則，內部溝通應盡量開放。
- 員工績效應經常考核，優者獎勵，劣者改進或淘汰。
- 員工應有與股東分享利潤的機會。

這是 Morris1994 年一次公開演講，提到的幾個影響台積電日後逐漸成形的制度與企業文化主軸。我們檢視後來 26 年的發展，張忠謀確實落實了這些原則。

譬如：台積電的紅利制度是非常有感的，2000 年以後，只要公司當年淨利總額超過營收的 20% 以上，那麼員工當年的紅利至少落在月薪的 6-18 個月之多，這也是近 5 年來，它的工程師年資滿一年以上，全年可領超過 175 萬台幣薪資的原因。2020 年開始，台積電更實施了「季分紅」，台灣股市第一個創新的分紅制度。

其次，張忠謀 2000 年延攬新加坡跨國企業的高管，擔任人事部門副總，把人力資源處的負責人位階提升到與業務、生產副總平行，建立人資處工作準則：專業、公平、超然。因此最近的 20 年，該處主動搜尋國際人才網站，過濾並尋找優秀的人才，積極與國內外專業人才面試，挖掘各式各樣中階主管人才，不漏掉任何求才管道，這就是唯才適用。

談到權威式管理，筆者有次爲了寫一本《李國鼎的管理》訪問張忠謀談李國鼎，Morris 就建議我書名不要用管理，談人要用領導，不是「管理」。依筆者的觀察，Morris 剛回台灣接任工研院院長的頭幾年，工研院當時的特性，董事長、院長都是官派，年度預算收入有一大半還是拿自經濟部，所以制度上既非營利機構，但也不是公務機關，用半官方性質形容比較接近。因此，西方式的領導模式，並非完全合適，但是，到了台積電，一開始就定位爲公股民營模式，並且半導體行業的從業員工幾乎七成以上，都是優秀大學理工人才，上位者要具備充分的領導才能（Leadership）與魅力，這就是張忠謀強調「領導」的眞義。

　　與台灣多數本土創業成功領導人不同的是，張忠謀人生職場的頭 29 年，就與美國半導體產業頂尖人士朝夕相處，分別從底層的工程師逐步提升，能從不同角度觀察、學習上下之間領導與被領導的思維與技巧。尤其，1961-1964 年將近 3 年公司支付所有求學費用，保送他去念電機博士學位，最終，Morris 選擇了史丹佛大學，成了他一生「做中學」的一個範例，那 3 年他在加州矽谷（1970 年代後才流行稱矽谷）深入學習與生活，對矽谷科技人才的特性掌握並描述得相當傳神：

　　加州工程師是最不受傳統般觀念束縛的，一般說來，他們的勤奮不下於美國其他地方的人，他們可以在工廠裡工作到深晚，但不願早上準時上班；他們願意在家裡、在球場上、在遊

艇上深思工作上的問題，但不願承諾每周必須工作若干小時。對上司，他們的態度比較隨便，甚至倨傲；他們忠誠的對象是工作，而不是上司或公司。對待遇，他們的態度相當現實，會斤斤計較，而且大部分年輕人有一夕致富的夢，因此人們流動率也較別的區域爲高。缺少紀律但富有活力，缺少對人對組織的忠誠，但不缺乏對專業的投入。這樣的人才，如能善爲引導，可以成爲富有創意和動力的一群，如領導不好，就是烏合之眾。〔**註5**〕

　　從進入職場開始，張忠謀的第一個工作，就來自新創半導體公司希凡尼亞的小型企業經驗，做了3年後，第二家企業德州儀器他做了25年，其間德儀從一家中型公司成長到大型企業，後來到通用器材（GI）當總裁一年，也是大型企業。1980年代華裔人才能當到美國百大企業總裁位階，張忠謀應該是當時第一人！這種從基層工程師幹到最高階的總經理、總裁，整整經歷了人生最具戰鬥力的29年時間，讓他深入觀察做爲工程人員、經理級人員、掌管產銷人發財各部門的總經理不同的能力特質，也看到了新創與大公司不同的公司治理與企業文化，到了台灣，被委託創設一家全新公司時，張忠謀具備的視野與領導素養，跟大多數新創公司創辦人大大的不同。台式企業那種連打帶跑，走一步改進一步的動態管理，以及隨時受到創業主營運需求而改變的企業制度，使得企業規模越大越難樹立理想的公司治理，也難以形成一套完整實在可行的企業文化。這

就是台式企業文化型態。

反觀台積電，越深入了解它的內部制度與管理，就越看出它的「台皮美骨」，例如——董事會組織與運作。

張忠謀早在 2000 年初董事長任內，董事會的組成，就創台灣上市公司風氣之先，在 9 人的董事會中提 5 席讓給獨立董事，相對於台灣上市櫃公司的大毛病——大股東或創辦人獨控董事會。重大政策只顧朝自己家族有利的方向運作，而不是以公司整體利益為利益考量。或者是很認真經營的專業董事長、總經理卻因本身掌握股份不大，董事席位容易被市場有心搶奪經營權的禿鷹集團侵入，導致產生營運方向發生負面大變化。因此，董事會由獨立董事占多數，就是美式做法，然而，董事長及經營團隊夠專業、夠具誠信與能力時，獨立董事當然會傾向於支持他們。

曾任職台積電獨立董事 21 年的施振榮，除了擔任獨董外又兼任多年的薪酬委員會、審計委員會委員或召集人，以他創辦宏碁集團擔任總經理、董事長數十年的經驗，非常了解台灣科技界組織人才的各種運作、管理制度，這樣的高度，自然可以協助台積電在制定薪酬、內控、資安、財務等各種制度，這是董事會幫助公司治理的良好示範。（參見本書 5.5）

當然，台積電的制度也不是一蹴可幾的，必然是漸進的過程，例如該公司財務長的聘任，在 2000 年以前最大民股飛利浦股票還沒全賣掉時，新任財務長的到任要經過他們的同意，

1997 接任財務長的張孝威在他的回憶錄〔**註 5**〕如是說。

　　但是與國內多數大企業不同的是，Morris 幫台積電建立制度的過程，沒有任何官員、大股東能影響他或向他關說，他一手打造公司治理與企業文化，因此，可以秉著理想與抱負著手，沒有來自大股東或董事會派系的干擾。同樣的，執行賞罰分明的績效考核時，各級主管可以就事論事，尊重獨董運作下的薪酬委員會建議，不必看各級員工主管的背景等。一開始就建立公正而專業的評核制度，嚴格執行，並且，不因忙著業務、生產而跳開、修正才建立的規章制度；逐漸的上行下效，各部門主管就會尊重這個制度，維護這個制度精神，也才能成就如今全球半導體產業的典範。

客戶服務與執行力

　　凡是長年與 TSMC 接觸的客戶或供應鏈合作廠商，對於台積電由上到下的團隊專業執行力都會留下深刻印象，這種層層主管以客戶委託專案為核心的專責管理，不僅目標清楚，並且既分工又「合顧」——指業務、研發、生產共同在專案下服務客戶的制度，公司企業文化要求同仁會議的報告與討論，需秉持「知無不言，言無不盡」的態度充分揭露。因此，公司面對客戶時的鴻溝減到最低，彼此都清楚掌握問題，共同解決問題，

讓內耗最少，執行力發揮最高。

　　根據台積電的資深主管描述，蔡力行當台積電執行長的前後 10 年，把來自三大部門（研發、業務、生產）的團隊合作操到成爲台積人的內在性格與能力，任何客戶專案只要建立合作團隊，從開會的第一天起，每個人參與會議及工作，就是用個人最大的力量毫無保留去支持、執行。蔡力行 2016 年被聯發科創辦人蔡明介延攬成爲該公司執行長，對聯發科深有研究的一位外商分析師就認爲，「他（蔡力行）眞的很懂台積電每個製程是在幹什麼，這肯定幫聯發科加分」（商周 1734 期 47頁）。蔡力行深深了解台積電協助客戶研發的所有工具、資源，引導聯發科研發部門如何建立強有力 connection，如何充分運用台積的這些資源，幫聯發科高端研發帶來高度執行力與生產力。使得 2019 年底聯發科早於規劃時程，提早發布 5G 手機晶片，搶先勁敵高通推出，就是蔡力行把台積那套執行力搬到聯發科，澈底執行下的結果。

　　除此之外，以蔡力行從副總到執行長多年參與張忠謀制訂多項核心競爭力的經驗，有兩大方向將來會繼續幫助提升聯發科的總體競爭力。首先是本章強調的制度化，尤其聯發科多年來最爲人詬病的爆肝式研發型態，各研發部門爲了達到績效，爭取 KPI，幾乎每天工作到晚上 10、11 點，日以繼夜，員工無法「喜愛」這樣的工作習慣，長久也影響生產力。如何建立高效率又合乎人性化的研發制度文化，非常重要。

另一方向就是結合研發、業務、生產三大部門服務專案客戶的營運模式，蔡力行當執行長的那幾年，台積電在面對客戶作了一個很大的改革，把業務、研發、生產三部門相關人員整合在單一客戶單一專案中，共同對客戶負責。因此，專案會議或群組意見交換，客戶可以全面了解三個部門的不同想法，並且，秉承該公司核心價值第一條「誠信」的原則，在會議中，針對所有問題，各部門在客戶面前提出來坦誠討論，嚴禁會議後私下對客戶、同仁再提出不同意見。對客戶的「承諾」三個部門人員是一致性的，一旦承諾什麼，三個部門傾全力就要做到。

　　台灣的電子電腦或傳統產業面對客戶基本上是業務人員，有任何問題再反應給研發或生產部門，很多時候，「效率」就在部門互相溝通之間給內耗掉了；如果加上接單不斷生產滿載時候，業務更不敢要求生產部門作若干變動，客戶的交貨期或品質就容易打了折扣。台積電剛實施這個制度時，三個部門也面臨了幾年的磨合，可是行之有年，成為內在運作模式後，「服務」客戶會變得很有效率，對內對外大大減少了「政治運作雜音」。

　　因此，聯發科越強，除了擴大台灣半導體產業的實力，讓台積電多了來自國內一家超級客戶外，如果有那麼一天，因為上述的努力落實成了聯發科骨子裡的能力與文化，那麼超越世界第一大的 IC 設計對手高通，躍升為全球最大營收及市值 IC

設計公司第一名，與台積電、NVIDIA 並列為全球半導體產業三大企業，那就會是 21 世紀以來，世界高科技領域華裔領導人的一大盛事。

營業祕密的保護

如同本書 4.4 提到的，由於台積電從 28、16、7、5、3 奈米一路領先國外各大競爭對手，堆疊式 2.5D/3D 技術又是獨步全球，兩萬多名技術中堅團隊歷年為客戶解決良率問題，累積的營業祕密、專利訣竅都是競爭對手很想挖掘取得的重要資料，台積電在防止盜取侵駭諸多方面作了許多制度化的設計。

首先是門禁，員工出入公司都有智慧識別卡，不僅記錄所有進出次數時間，還會自動分析異常的行為（例如不應進入的部門或廠區），提供主管注意。進入公司電腦網路系統如同美國 CIA 內部分層分級制度一樣有其授權限制；針對海外公司的員工資料等級有所謂只讀不能列印，或讀完幾小時內資料即消失的管理；進入廠區或辦公室私人手機要收起來放置集中，除用公司保密的電腦系統溝通外，內外緊急連絡都限用公司發的草莓機（手機）。筆者有次訪問張董事長，在他總部董事長室等候，臨時要去上廁所，都還要換另張訪客卡才能出入，所以台積電從董事長到基層員工，都要求遵照公司對智慧財產權保

密防範的措施，這種執行的澈底，才是可長可久的制度。

許多營運過程，跨部門、跨海內外廠區的資料保護，都是引最先進的軟體、網路資安，建立一套密不透風的系統（參見5.5）。

4.2 競爭對手沒有的萬人資深技術團隊

　　這裡，我們要特別強調多年來，外界忽視台積電一個關鍵競爭能力，那就是由20年以上資深幹部及5-10年資深工程師，組成精密製造與研發的兩萬人資深工程師團隊，這才是台積電打遍天下無敵手最重要的資產。

　　2021年3月底半導體產業吹起了一股亂流，擔任英特爾（Intel）執行長不久的季辛格宣布，啓動「IDM2.0」計劃，要投資200億美元建置兩座晶圓廠，除了爲自家的微處理晶片生產外，將爲其它客戶代工晶圓生產的業務。消息公布後台積電股票連跌2天，首次掉到半年前的570元上下，到底英特爾這個決定是否眞的爲台積電帶來競爭威脅？

　　這裡要深入探討的就是，身懷十八般武藝的研發生產工程師大軍！

　　要知道從1994年起，台積電股票上市前後，開始大力招募台成清交理工科一流優秀大學、碩士生，到2000年這樣超

過 10 年以上資歷的優質工程師團隊已累積了三、四千人，然後當年又分別購併了世大半導體、德碁半導體兩家公司。除了拿到一些先進製程設備外，重要的是又添增了上千位來自國內外具 3-5 年經驗優秀學歷的工程人力，這合起來數千位龐大工程師經過了後來 20 年的工作鍛鍊，承接來自全球各大產業科技公司、不同應用領域的專案，以及先進國家軍事航太機構委託的精密晶片製造。不僅他們在生產、研發單位分別晉升到主任工程師、經理、資深經理、部經理、副處長的中堅幹部階層，並且練就了十八般武藝的解決能力，如果扣除近 20 年自然的離職、退休等流動的一千多人，目前這龐大的中堅資深幹部群高達數千位，他們帶領 10 年以上經驗的近二萬名技術工程師，就是台積電眼前打遍天下無敵手最大的核心武器。

2021 年 6 月 TSMC 總裁魏哲家在自家技術論壇中即指出，2020 年台積電運用超過 280 項技術為 500 多個客戶生產超過一萬一千種產品，就是這龐大資深工程師團隊的心血結晶！

英特爾這時候進來晶圓代工領域，不要說區區 200 億美元投資分一半代工，跟台積電中科 7 奈米、南科 5 奈米每座都要投資 250 億美元以上，才能拉出月產數十萬片晶圓的產能投入無法相比。即使晶圓代工廠核心能力——解決良率提升的資深技術人才，由於他們長久以來只研發生產自家的晶片，並沒有具備處理像蘋果電腦智慧手機晶片或像全球繪圖晶片、AI 晶片第一名輝達（NVIDIA）這樣不同領域客戶晶片研發生產的經

驗；因此，很難跟 TSMC 這群豐富專案處理經驗的萬人技術團隊競爭。

英特爾在 7 奈米（相當於台積電 5 奈米）生產良率技術未能突破，相較於台積電中科 5 奈米廠 2020 年已進入大量的量產階段，技術落後於台積電 2-3 年、1.5 個世代，資深技術人才的質與數量又遠遠不及，台灣股民們實在不用擔心，「護國神山」的底子夠大夠深厚，勿庸掛慮。

再者，以工程師們最關心的薪資來作比較，從 2021 年初台積電再次大幅調升薪資 20%，滿一年經驗的工程師年薪至少 175 萬以上，並且，在台灣工作的工程師享有的每日兩餐、宿舍、分紅等〔**註 4**〕支出，這種實質購買力與英特爾同樣資深工程師比較，台積電工程師實質所得要高出二成以上，經過了 30 年一步一腳印的努力，台積電工程人才平均實質所得終於高出英特爾一截！所以結論是：英特爾執行長丟下的這個炸彈說穿了只是顆啞彈，並沒有什麼攻擊力與競爭力。

當年，張忠謀帶領的領導團隊為了讓台積電在晶圓代工技術上領先競爭者，可是下了很大功夫，剛興辦的頭幾年「技術人才充沛」，是他認為台灣推動半導體產業的第一優勢。他曾分析：在一個典型半導體公司「間接人工」往往超過直接作業員，而「間接人工」絕大部分都是工程人員，所以具有理工學士學歷以上的人員，占公司人員七成以上。台灣的大學平均水準很高（TSMC 大多數都來自台大、清大、成大、交大、台科

大五校），而主修理工的百分比又較西方國家爲高，造成相當
充沛的技術人才來源。

張忠謀也觀察到：「有一點值得提出的，在美國半導體業
人員，其中來自台灣有數以萬計，這些有工作經驗的人才……，
是未來台灣半導體業的一個重要人才資源」。

1980 年代當時的經濟部長趙耀東批評台大等名校學生畢業
後大多去美國留學，是浪費教育資源，如今以結果論來看，應
該說是政府當局鼓勵年輕人念理工，除了一百多所專科學校以
理工科系爲主外，二十所綜合性大學也都設立理工學院，培養
了大批電機、電子、機械、化工、材料人才，其中相當大比例
到美國留學又工作，幫我們儲備了相當多的電腦、半導體、通
信人才。後來 30 年，成爲台灣出口主力產業重要人才來源，
這種「無心插柳的規劃」哪是趙耀東部長等高層當初設想得到
的結果呢。

招收人才方面，多年下來，目前台積電博士學歷人才有
二千多人，碩士超過兩萬五千人，而且是聯合國部隊，許多幹
部來自中國大陸、東歐、美國、印度甚至於俄羅斯等地區。有
人批評台積電將全國最頂尖的工程人才都吸收到同一家公司，
如同台灣多年來大學聯考一流人才都往醫學院跑一樣，是種人
才的浪費。問題是，人才是自由流動的，台積電無法也不能叫
誰可以來，或不要來。如果一家企業因經營績效優異，付給從
作業員起的各領域員工有相當不錯的待遇，人往高處爬，水往

低處流，自然會吸引各界人才加入，反而是該鼓掌讚揚的表現。

更何況，晶圓製造過程牽涉到數百上千道工序，每道工序又牽涉到多種物理因素變化，這麼複雜精密的生產過程，要追求量產需要達到 99.9% 以上良率目標，又是何等艱難的問題！如果沒有這一、二萬個 10 年以上優秀技術人才，投入負責上千個晶片開發生產的專案，日以繼夜的努力，台積電也不會有今天領先全球同業的卓越績效表現。

4.3 一流而實在的企業文化

　　研究歐美優秀百年大企業的管理學者，大都會歸納這些企業成功的法則，其中一個關鍵元素就是：企業文化。

　　張忠謀在創立台積電的頭 10 年，經過募資、技術移轉、人才培養、開發訂單這些風風雨雨逐漸穩定之後，除營運上產銷人發財制度逐漸成形外，他念茲在茲最關注的就是台積電的「企業文化」。這方面他非常用心以英文構思寫成，字字逐步推敲，再翻譯成中文。

　　有很多專家學者比較台灣的電子五哥（營業額超過五千億台幣，集團數十上百家子公司），覺得為何台積電在營運、制度、利潤及技術人才都相對高出許多，越深入分析，發覺最關鍵的核心價值其實就是「企業文化」。

　　創立越久規模越大的企業，都會強調他的企業核心價值理念，大多時候，就集中在一、二句話，讓公司內外琅琅上口。然而，看到不少企業老闆、董事或員工所作所為，往往跟價值

理念背道而馳，集團雖然膨脹很快，卻是虛胖，底子不紮實。前些日（2021 年 3 月）電子五哥之一的某創辦人，因洩漏集團內購併訊息給親密女性友人，總數獲利也不過 6、7 千萬元，跟他的資產數百億不成比例，就是一個活生生背離核心價值的行為。

因此，要檢驗企業文化，從創辦人、高階主管到基層員工，都能由內心認同、長期徹底實踐，尤其是創辦人帶領高階主管處處以身作則，久而久之，才能將企業核心價值落實成為「企業文化」，這是我們在討論企業文化，需要認清的前提。

張忠謀創立台積電前 5 年，如同大多數新創企業一樣，主要的精神在確立它的營運模式、生產製程，還有幹部人才。光是把這三項重點搞定，就要注入多大的心力。

可是很多老闆在企業進入相對成長穩定之後，還是把心思花在擴張與成長，即使有心建立起久久遠遠的企業文化，卻也虎頭蛇尾，做了一陣子後，重心又擺到其他營運關心項目方面。或者，因自身職場初期養成重營收輕制度的習性，以至於扞格不入，難以維持制度文化的客觀與實踐。其實深入分析，營運制度與企業文化兩者呈正相關，在各部門營運進入穩定性的良性循環後，若是有厚實的、行之有年的企業文化在背後支持著，就會讓企業這條大船正確航行而不偏，且呈良性高成長態勢。一如台積電成立以來的表現，接班的團隊若是內升，也因為被創辦人薰陶多年，骨子裡已熟悉了這個企業制度文化下的運

作，不僅不會背離，更加深文化的廣度。

　　舉個例子，台積電的核心價值有四大塊，那就是：誠信正直、承諾、創新與客戶信任。為了真正落實這四大核心理念，就要透過討論並制定許多辦法來貫徹，這些辦法經過不斷的運作、修正、試驗，就成了公司約定俗成的企業文化，執行久而久之後，就成為制度。

　　就拿防貪這個機制吧，連鴻海郭台銘這麼治軍甚嚴的優秀企業，都還經常爆出中高階主管收取不當回扣、貪污這樣的事件，2013 年一位資深採購副總收取數億元回扣，被郭董告到法院的事，就是一例。巨大的營業額就跟隨巨大的採購量，以台積電近年一年廠房設備投資超過三千億，材料採購一千億元計算，平均每天就有十幾億元的採購金額，如果主其事者要向廠商收取千分之一回扣，就有一千多萬元進入個人口袋，這麼大採購金額的誘惑力如何防弊？

　　要進入台積供應鏈，首先要經過一套嚴格的專業認證制度，沒有足夠的專業能力，以及對台積電制度、文化的認同，第一關就過不了，更遑論只靠會塞錢給採購主管那套陋習；並且，台積電設計使用單位、採購單位、付款單位完全獨立作業，沒有一個單位或個人有足夠權力決定採購哪一家的設備或材料，必須經過委員會協同決定；財務單位在付款之餘，還會比較前幾年相關項目採購金額、市場同業現價，以及物價指數等，提供請購單位參考，據以科學數據，加上不同權責單位之制衡，

以此制度來防弊。或者有人會說這樣會增加內部成本，並影響採購方面的效率，其實，這中間每一單位的權限與決策時間亦作準確規範設計，將過程資訊化，並設計各種軟體讓它們自動化計算與交叉核對，既可避免影響內部效率，又更科學客觀。其實古明清朝代，為了防範中央與地方政府官員貪污，有養廉銀的制度，也就是薪資之外，皇帝再給一筆合法的回扣，以讓他們有合理收入，杜絕貪念。當然，最重要的是以合理的薪資來養廉，要對掌握採購權力越大的中高階主管推動誠信正直，要讓他們有足夠安家的待遇。以台積電處長級中級主管來說，一年14個月薪加上紅利獎金，每年至少六、七百萬元薪資以上，副總級更可到數千萬甚至上億元之數，足以安家立業，也堪與許多跨國公司相較量。老實說，也是讓握有實權實心做事的資深員工，杜絕貪念的根本力量。

擔任台積電外部董事、獨立董事共 20 年的宏碁創辦人施振榮就提到，他兼任 TSMC 薪酬委員會時，都會注意內部稽核制度，它包括了採購、財務等各個地方可能的弊端，有沒有發生過呢？施董說有的。公司經營團隊都會在審計委員會內部揭露，委員們也會以他們在各公司經營多年的經驗，適時提出各種防弊的機制。所以說，台積電內部許多制度的形成，歷年，這些重量級有豐富經驗的獨立董事們，也貢獻不少的具體建議。

誠信是相對的，董事長、董事會，上級主管對部屬，不同功能部門業務、生產、研發、人資彼此之間，更重要的是同仁

和客戶、供應商之間，都要建立誠實、信用。

以台積電每年要付款給設備商、材料商的金額有數千億，如果每筆款項都延遲溢付一、二個月，光是利息一年就可以省下數十億。但是，這中間財務單位就容易流於弊端，對客戶也失去信用，所以台積電就建立一套嚴格的付款流程管理，在一定時間支付一定款項，並自動化管理；若提早或超過時間，系統就會提醒高階主管追蹤審核，否則就定時按照給供應商的承諾付款。所以如果訪談台積電供應鏈合作廠商，他們眾口一致的讚美就是公司付款乾脆、不拖延、不亂扣款，這就是對供應商的「誠信」。

其次，制度化建立的早期，最高領導人對剛建立制度的尊重與堅持，也是企業能否制度化的一個關鍵。張忠謀在他回台創業之前，已經親身參與了三家公司的運作，尤其在德州儀器25年從帶領20人的工程師小團隊，到領導三千人的總經理，看到周遭半導體產業各個大小公司競爭力的強弱，追根究底，就是公司治理與企業文化的優質與否。所以，當台積電進入高成長穩定期的2000年前後，他扮演專職董事長時，特別花相當的時間關注公司治理與企業文化，一點一滴的探討修正。

天下雜誌有次與公視共同主辦論壇邀請張忠謀演講，主題就是「台積電的企業文化」，這場講演中，張忠謀如歷歷在目的述說對日抗戰時期，他在南開中學唸三年初中的深刻體驗。他舉了兩個例子，第一個是南開的大我觀念與領導人教育，學

校師長上課、集會，都是灌輸、培養他們成爲爲國家領導人才，爲國家做出事業的這種以天下爲己任的教育。Morris 覺得後來到美國將近十年的大學、碩士、博士養成教育中，哈佛的那一年足以跟南開的教育精神相近。

尤其，談到台積電企業文化的四個主軸；Integrity、Commitment、Inovation 與 Customer Trust 時，張忠謀覺得前三個最能與南開中學校訓：「允公允能，日新月異」八個字相呼應。

台積電核心價值，短短的十二個字，分四個軸向；
- 誠信正直（Integrity）
- 承諾（Commitment）
- 創新（Inovation）
- 客戶信任（Customber Trust）

誠信正直（Integrity）

對於「誠信正直」這四個字代表公司的「品格」，是最基本也是最重要的理念，也是執行業務時所必須遵守的法則。Morris 強調誠信正直包括：
- 我們說眞話。

- 我們不誇張，不作秀。
- 對客戶我們不輕易承諾，一旦做出承諾，必定不計代價，全力以赴。
- 對同業我們在合法範圍內全力競爭，絕不惡意中傷，我們也尊重同業的智慧財產權。
- 對供應商我們以客觀、清廉、公正的態度進行挑選與合作。
- 在公司內部，我們絕不容許貪污；不容許在公司內有派系或小圈圈產生；也不容許「公司政治」（companypolitics）的形成。至於我們用人的首要條件是品格與才能，絕不是關係（quan-Xiao）。

這樣具體而深入的闡釋「誠信正直」這四個字，恐怕是國內外跨國企業少有的事。這顯示張忠謀很清楚多數存在已久的中外企業，普遍存在許多陋規與習性，譬如：

重視皇親國戚的裙帶關係，形成「有關係」就沒關係，「沒關係」就有關係的現象，使專業經理人難以進入核心領導圈，或升到高階卻指揮不動這些皇親國戚。

許多機構存在同校學長學弟、訓練或報到前後期，或者同鄉等同性質的小圈圈，在團體中不少主管會先考量這層關係，以至於有能力表現績效的優秀同仁得不到公平的升遷，憤而離職。

不少企業主管應對客戶時，為了安撫客戶的壓力，常常先答應了再說，卻到時候跳票，形成兩者的緊張關係或爭執；因

此台積電的核心理念對「承諾」看得非常重要。台積電同仁跟客戶開會中間你來我往就事論事的深入討論，卻不會「輕易」承諾數字、時程或目標。然而，內部一旦深思熟慮討論後，覺得有把握，才會答應客戶的要求，並且一定要做到。萬一時間接近，或問題超出原先討論的理解，承諾可能跳票時；就有責任讓主管知道，主管也無法解決時，讓更高層主管了解，發出求救信號，找更多有經驗的同仁緊急解決，這就是對客戶的「誠信」。

亞洲地區東方企業數百年來，對於企業內部各階主管貪污，雖都明文禁止，卻防不勝防，甚且有些中大型企業老闆或高階主管帶頭「自肥」，老闆或高階主管發包大工程，收取回扣、公司發布訊息前用人頭先賣出或買入股票，輕而易舉賺取一筆不對稱資訊的所得。

從另一個角度來看，這樣的行為也是貪污；這種弊端影響企業長期正常營運甚鉅，要怎麼防止？

台積電本身設計了多層內部的機制，層層防範這些弊端，包括建立一套科學而慎密的報價制度，驗收後財務單位自動通知付款機制，市場動態詢價分析比較的機制等等。最重要的，還是身居最高領導人張忠謀從公司成立開始，分層授權，尊重部門專業功能，數十年如一日，秉持領導而不越級干涉的態度，更不徇私，這就深植形成台積電多年各司其職、尊重專業功能的內部文化。

承諾（Commitment）

對台積電核心價值中的「承諾」，張忠謀也作了以下的詳細明釋；

- 承諾是雙向的。
- 同仁全心全意對公司忠誠，抱著「公司成功，我也成功」的心情，勤奮認眞地工作。
- 公司視同仁爲最重要資產，提供有意義且有挑戰性的工作內容、安全的工作環境、優質的薪酬與福利；也鼓勵同仁在工作之外，用心經營家庭、交朋友、發展個人興趣，並擁有快樂的人生。
- 堅守對股東、客戶、供應商、社會等其他利害關係人的承諾，盡力照顧且平衡各方權益。
- 讓股東的投資得到平均水準以上的報酬；與客戶及供應商充分合作，獲至長期雙贏；成爲優良的企業公民，不斷提升社會，讓社會更好。

首先，重要的前提是：承諾是「雙向的」，並不是爲了一昧討好客戶，就一面倒的答應客戶在製造或服務過程中所提出的種種要求，而是事先理性且白紙黑字下的雙向溝通紀錄，然後依照此雙方議定的目標去達成。否則，付出的代價不是成本超乎預算，就是完成績效大打折扣。

「公司成功，我也成功」就是胡適講的小螺絲釘的精神，認知自己是數萬個台積電員工的「自己」，一部大機器中的小螺絲釘，每個人在崗位上全心全力去做，公司自然就會邁向成功，而這個成功或營運成就，並不是董事長或總裁幾個人的功勞而已，是大家努力的結果。

這種理念的提倡，跟美國大企業動不動就是董事長或執行長（CEO）一個人帶領下的光彩，似乎能力、功勞都歸一、二個領導人，有很大的不同。美歐跨國企業新的領導人上台，為了追求短期營運績效，往往先裁減部門、人力，雖然暫時是轉虧為贏，卻久而久之，造成了員工忠誠度的喪失。張忠謀有鑑於歐美跨國企業這種弊病，所以在「承諾」這項的做法第二、三項，將員工對公司的向心力、忠誠度作了具體的宣示，這也是多年來，台積電擁有數萬員工幹部，卻從沒聽過員工去向媒體爆料，說公司的不是的背景。

我們來看看台積電對股東、客戶、供應商、社會的「承諾」，是紙上談兵，還是真有其事？這裡各舉一個例子來印證。

先說從 1987 年到 2008 年以前，台積電的分紅配股行之有年，也就是說公司只要賺錢，會將當年盈餘中撥出某個比例（8.5% 左右）以增資股票配給員工，賺得越多配得越多，資深員工如果開始時認購一定數量股票，經過多年不斷配股增加的分母很驚人。舉例，1995 年年資 7-8 年的工程師因為當年的分紅配股，可到 3、4 萬股之多，年資越深、職位越高，這個配

股的分母數越大，像副總級的年配股就有可能近百萬股，累積增長後的股票總量就會是當初認股的數倍或數十倍以上！台積電目前的董事長劉德音、總裁魏哲家的持股都在近千萬股，以今天股價計算，都有數十億元的身價，這也是張忠謀身為專業經理人為何 33 年之後，從創辦年開始至今不斷配股，累積下來居然達到一億股上下的水準。然而，為了對全部股東負責，因應華爾街投資機構大投資法人的要求，認為這對持股非員工的股東不公平，應將配股視作營運費用，如此將增加龐大營運成本的壓力。領導團隊順應要求，2007 年後，就不再實施配股制度，改以調薪與更多分紅來酬謝員工付出。除了年度的考績調薪外，自 2008-2020 年也作了兩次調薪，每次平均調升 20% 的高水準。印證了台積電對全體股東、員工的承諾。

台積電近年來每年設廠、營運的配合供應鏈有一、二千家廠商，採購金額高達六、七千億台幣巨量……小自無菌無塵衣的洗滌，大至建廠工程或動輒每台十幾億元的製程設備，該公司有極其完整嚴格的採購程序，幾乎跟它做生意的廠商頭幾年都叫苦連天。該公司不只是對交貨、工程品質的絕對要求而已，凡是供應商都要簽署整套規範；什麼員工不能超時加班、薪資需高於勞動部規定、製程要稽核合於環保、勞工人權、工安等等項目。提供它零組件洗滌服務的科治新技總經理楊慈惠就說：「台積電稽核很可怕，有一百多個查核項目（今周刊 1246 期 83 頁），可是一旦成為它合格的供應商，那麼他對供

應商也有令人安心的承諾。」另外，專業服務維修幫浦（Pump）的廠商日揚總經理寇崇善就說：「台積電付款從不拖延、不需要靠關係或人情才要得到訂單，一切都看數字辦事。」（同上今周刊）。

這就是台積電對數千家供應商的「承諾」。

我們再來看看兩個故事。

華人自古以來商場重然諾，閒話一句有時比合約還有效，基本上，對客戶的態度，應講求誠實與信用，生意場上答應的事哪怕是赴湯蹈火也要做到。可是拿到現代社會，一個年營業額六千億元，每年大大小小製程專案數千件，如何能做到符合客戶速度、良率、交貨等的要求，非常不容易。

十幾年前，台積電爲了進入 20 奈米的技術，趕上英特爾、三星的技術水準，工程師們的確都很拚，拚到常常加班，早上八點半上班，晚上 9、10 點下班是常事，漸漸的家屬有些抱怨，寫信給張忠謀，外面網路上也傳出「爆肝產業」的說法。搞得沒有家庭生活，員工長期也容易影響身心健康，張忠謀思考相當久，並與高階主管討論後，寫下了一張內部備忘錄，要求從高階主管開始，一級一級要求各級主管做到一週工時不超過 50工時的規定。

這是對員工及其家人兼顧家庭生活的一種承諾。台積電作這樣的要求與規定，確實要爲它的效率是否降低捏一把汗，也難怪張忠謀要考慮一段時間，行動這麼謹慎的原因。

既然作了決定，成為公司的政策，那就要確實做到。

為了做好這每週 50 工時的管理，人力資源部門每天都要從電腦統計分析中找出異常逾時的狀況，提交給該單位參考，如果連續逾二週以上，則要給該單位主管的直屬主管知道，如果連續數週逾工時相當嚴重，則人資部門要知會高階主管，他們就要調動人力支援，解決這些問題。更重要的是，管理 50 工時並成為各級主管的考核項目之一，影響到他們的獎金紅利與升遷，不能忽視，久而久之，就形成了內部的文化。反觀它的競爭對手南韓三星電子，工程師每天加班做到晚上 9 點、10 點才回家是常態，隔天仍需準時上班，他們甚至於有些專案，主管要求良率問題沒解決前，都不得回家，往往幾個月見不到家人，這樣不太人道的做法，不見得會更具生產力，長期下去，也會造成員工身心健康的問題。

另外，台積電要求每位幹部下班後公司發的黑莓機保持通訊暢通，隨時可連繫，追蹤討論突發性的工作問題，雖然一周難得有 on call 幾次，但是每個人視為自己工作責任的一部分。這種以公司工作為重心不計較的精神，也是中外眾多企業中，極難得的特色。

就拿這幾年的股票股利發放來說吧，從 2009 年以來，台積電的營收與獲利年年增高，EPS 超過 5、6 元，可是張忠謀堅持每股配發 3 元的股金，原因無他，就是信守與員工、股東及社會責任的三方面承諾。以 2013 年為例，總獲利發給數十

萬股東高達 770 億元左右，發給員工的約為 250 億元，兩者保持均衡的關係；另外的二千多億繼續投入作資本支出，以負責任、永續經營的態度拉開競爭廠商的差距。

Morris 對型塑該公司企業文化雖然寥寥數百字，卻是字字珠璣。譬如早些年裡頭有句話：「提供員工舒適安全的工作環境」，隔年，張忠謀覺得：我們生產部門的工程師與作業員整天穿著無菌無塵衣，在生產線工作，這樣的穿著怎麼會「舒適」呢，就指示主管把這兩個字刪掉。

有趣的是，台積電把鼓勵員工交友、培養興趣，甚至兼顧家庭平衡等都寫入企業文化型塑的框框裡面，足見張忠謀本人跟台灣許多創業老闆不同的理念是：每位員工不應該把生活的全部、人生都投注在「工作」上。許多創業老闆做到老死在崗位上，或者退休下來不能適應沒有工作的生活。張忠謀本人多年來閱讀新書、打橋牌、旅遊、參與公眾團體論壇、演講，甚至於代表政府參加 APEC 會議等等；所以詳細定調員工同仁生活的多面向，絕非唱高調，而是他自己身體力行的結果。

用這樣的制度機制，逐漸的扭轉了長期晚下班的現象，脫離了爆肝公司的說法，也才能與核心價值中「承諾」的第三點：追求運動健康，個人交友發展興趣（台積電有數十個社團，鐵騎、旅遊、棋藝、瑜珈、合唱……等等）及家庭幸福的目標相契合。

當然，為了因應設備 24 小時運轉不斷，發揮最大效益，

以及來自全球各地客戶訂單時程的需求，加上勞動部對休息工時的要求，台積電近年來不再實施日夜輪三班制，而改為大夜班（晚 10 點到次晨 6 點）及小夜班（下午 2 點至 10 點）制度，然後每週輪替。

前幾年，勞動部取消了若干國訂假日休假的規定，台積電除了同仁每年因工作年資累積而有 7-20 天的特休之外，還照常讓幾個國訂假日維持休假；所以，該公司同仁的休假日比起其他產業公司更多，幾年實施下來，生產力不但沒下降反而提升，所以是講求人性化及人情味的工作場所。

張忠謀為了讓企業核心價值綱領這十二個字與公司經營作緊密的連結，進一步以淺顯易懂的舉例式說明，讓同仁與公司關係人之間，清楚該做的與不該做的原則與分野：

堅持誠信正直

關於 TSMC 的「誠信正直」，前文已有逐字說明，不再贅述。

這裡尤其要強調的是如何斷絕企業內部常見的派系或小圈圈「關係」的「公司政治」。

放在幾十年的觀察對照，把台積電為何能做到「制度化」而非人治的關鍵所在具體、清楚的點了出來，這是台積電跟台

灣 99% 企業完全不同的地方。如同前文所述，重視皇親國戚或同鄉、同學、同校關係的台式企業，走向派系、小圈圈所形成的「公司政治」只有輕重程度不同而已，可說是很難革除。這樣的政治文化往往造成績效評估不公、同工不同酬、朝中有人等種種派系傾軋的現象，不僅浪費了公司資源，也讓企業經營目標混亂，導致競爭力衰退的結果。即使企業因具某幾種優勢，還能有顯著成長或好利潤，但是逼走有抱負的人才、形成內耗、員工因不公平而不快樂，仍是常見的內部隱憂。

專注於「專業積體電路製造服務」本業

張忠謀對員工同仁多年來再三強調：我們的本業是「專業積體電路製造服務」，這個領域發展迅速，只要我們能集中力量，積極從事本業的鑽研，發展空間必定無可限量。因此，我們要心無旁鶩、全力以赴，在「專業積體電路製造服務」本業中謀求最大的成就。

台積電三十幾年的發展，不只做到了「不與客戶搶生意」，也不與供應商或下游產業（封裝測試）搶生意，長期落實在專注本業的經營，也因為資源專注在勤練「晶圓代工」這項本業，才能更精純，人才技術更精煉，成為走在產業先鋒的卓越領導廠商。

放眼世界市場，國際化經營

我們的目標是全球市場，而不侷限於東南亞或任何地區。積體電路是一個跨越國界的產業，全球各主要業者無不將目標延伸到世界各地。而我們最強的競爭者也來自國外，如果我們不能夠把眼光放遠在世界市場中建立競爭力，我們在國內終究也將無法生存，遑提競爭力。我們的根在台灣，但要在全世界主要市場建立基地，是國際化經營的意義；而為配合國際多元發展的文化需求，在人才募集方面，我們則不論國籍，惟才適用。

注意長期策略，追求永續經營

我們深知企業永續經營，像是在跑馬拉松，需要速度、耐力與策略的配合，而不像是在做五十米、一百米的短程衝刺。

我們確信「人無遠慮，必有近憂」的道理，只要我們能做好長期策略規畫，並認真的執行，短期較為急就章式的衝刺便會大大減少。

因此，除了每年我們都要為未來 5 年做一個長期策略規畫

外，在我們的日常工作中，也應有相當高的程度落實於長期的成效與回收。

客戶是我們的夥伴

我們自始就將客戶定位為夥伴，絕不和客戶競爭。這個定位是我們過去成功的要素，也是未來繼續成長的關鍵。我們視客戶的競爭力為台積公司的競爭力，而客戶的成功也是台積公司的成功。

筆者以為三星的經營理念，剛好在「客戶關係」方面，與台積電的做法完全不同（參見本書 5.3），三星犯了戰略上的錯誤。

品質是我們工作與服務的原則

包括公司內部或是外部，每個我們所服務的對象，都是我們的「客戶」，而「客戶滿意度」就是「品質」。

在台積公司，品質是每一個員工的責任，我們應堅守崗位，本著追求卓越、精益求精的態度，不但認真的把每一件事、每一件任務做到最好，更要隨時檢討，務求改善，追求並維持

「客戶全面滿意」，這就是以「品質是我們工作與服務的原則」的具體實踐。

鼓勵在各方面的創新，確保高度企業活力

創新是我們的命脈。如果我們一旦停止創新，將很快的面臨沒落與失敗。我們不但要在技術方面追求創新，在企畫、行銷、管理等各方面更要強調。自然地，積極建立與累積公司的智慧財產權也不可或缺。

我們更要常保公司充滿蓬勃朝氣與活力，隨時秉持積極進取、高效率的處事態度，來因應瞬息萬變的產業特性。

營造具挑戰性、有樂趣的工作環境

相信對大多數的同仁而言，一個有挑戰性，可以持續學習，而又有樂趣的工作環境，比金錢報償更為重要。我們要齊力塑造並維持這樣一個環境，吸引並留住志同道合而且最優秀的人才。

建立開放型管理模式

我們要營造樂於溝通的環境,以建立開放型管理模式。「開放型」代表同仁間互相以誠信、坦率、合作相待;同仁樂於接受意見,也樂於改進自己。同時,更將透過集思廣益的方法接受各方看法,而在做成決定後,就團結一致、不分你我、集中力量朝共同目標戮力以赴。

兼顧員工福利與股東權益,盡力回饋社會

員工與股東同是公司重要的組成份子。我們要提供給員工一個在同業平均水準以上的福利,同時讓股東對公司的投資得到平均水準以上的報酬。

同時,公司的成長也得力於社會及產業環境的配合,我們更要不斷地盡能力回饋社會,做一個良好的企業公民。

只要全體同仁能夠隨時信守以上本公司經營理念,並落實於工作中,台積自能不斷成長與茁壯,成為國人引以為傲的世界級公司。

筆者以為,大多數優秀企業創辦人或董事長,都想在企業步入軌道後深植企業文化,這都是走向永續經營可喜的現象,

相信可以從台積電塑造核心價值理念過程中，找出關鍵所在。要落實它，其實也沒那麼困難，首先，可透過類似企業策略會議的企畫，花個一、二天，全體資深幹部、員工本著「知無不言，言無不盡」的精神，深入探討自己公司的優勢、弱勢、威脅與機會（SWOT）。特別是推動制度化碰到的 SWOT，徹底討論，再提出具體改革提案，分年分季逐步具體實施，領導人不管企業面臨什麼樣的內外經營壓力，必須堅持檢討改進，如此，制度化必然有望。

大股東的信賴互動

從 1986-2000 年一直是台積電最大民股的飛利浦，與台積電高層多年來維持一個信任關係，前 20 年即使台積電對財務長的聘任，事先尊重飛利浦大股東董事的同意，所以當 1997 年在張忠謀力邀之下擔任台積電財務長的張孝威，答應赴台積電就任時，Morris 就要他飛去荷蘭飛利浦總公司，向當時的飛利浦半導體總部財務總長羅貝茲拜會，獲得同意後再對外宣布這項人事。即使對高階人士聘任非常強勢的張忠謀，與飛利浦歷年來之間，還是謹守這項尊重，所以雙方充分信任。張孝威在描述兩者之間的另項尊重與默契時提到：「……日後每一次他（羅貝茲）來台北開台積電董事會前，我們都有個會前說明

會，基本上我們和飛利浦的運作模式是，開董事會的前一天下午，我和他們開會前說明會，簡報董事會議事內容。晚上張忠謀會請飛利浦的董事代表吃飯，如果有會前說明會尚未解決的問題，就設法在晚餐時達成共識，目的當然是希望在董事會檯面上，我們和飛利浦之間沒有什麼歧見。」〔**註 5**〕

　　筆者也擔任過上市櫃公司獨立董事，了解董事會的運作不是一團和氣而已，而是經營團隊在專業營運之外，必須尊重所有董事、獨立董事的職責與專業（參考本書 5.5 施振榮專訪），獲得他們的信任，尊重他們的意見，這樣的運作才能取得健全與平衡，經營高層才不會花時間經歷處理董事會的派系或內鬥，疏忽了本業的經營。張忠謀擁有一身的本事和經驗，尤其1995 年以後的營運績效無論是營收或利潤都創造高成長，卻能持續尊重創業時期以來，一直支持的大股東董事飛利浦，也顯示 Morris 的度量與格局，並不因企業屢屢創下經營佳績而沖昏了頭，喪失對董事的尊重。

4.4 產能技術與資金兩大罩門

　　到底台積電這座護國神山還可以維持多久的優勢？是大家
很關心的問題，這裡從三個方面來探究，即產能技術、資金與
供應鏈團隊（參見本書 4.7）三個關鍵支柱。

　　首先談產能技術，產能與製程技術是連體嬰，在本書的第
一章有提到，整個製程技術有三個關鍵階段。首先，要研發出
新的製程，提供更小更快更省電的元件給 IC 設計公司使用，
其次，對準良率的提升，最後則是量產階段，要做到量產的交
期快、品質穩（良率維持 99.9% 以上），後兩個關鍵技術都關
係著良率是否能達到高度水準要求。達到，產能就能發揮，達
不到，則空有設備與訂單，產能無法發揮，成本居高不下，就
失去營運競爭力。所以說產能與製程技術是非常緊密的連結，
必須製程技術到位，產能才會有爆發力。晶圓代工是一門學問
很深很專業的技術領域，本章第一節談到它的核心競爭力，有
極詳細的描述，在此不再次說明。被媒體稱呼「台灣記憶 IC

（DRAM）教父」的高啟全先生，有次跟筆者提到他台大化學系畢業赴美唸研究所，拿到碩士學位後，去美國英特爾（Intel）公司應徵，結果被錄取了。他好奇問主管：我是唸化學系跟半導體、電子學都無關，你們為什麼要錄用我？想不到，這位主管居然告訴他實話：我們有個專案（DRAM）良率一年來只有1%，想找不同領域的人進來腦力激盪看看，能不能找出問題，改善良率？

早期，晶圓代工的生產專案 Pilot run 能有五、六成的良率就可準備大量生產，這些年來台積電內部幾百個研發、生產團隊，接過消費電子、通訊、電腦、航太、軍事各大領域，形形色色各種不同的專案，開發過程，已練就一身本事；尤其進入量產的專案，如果良率沒達到 99% 以上，就不符合內部的要求。這也是明明他廠報價比台積電低很多，他們還是願意捧著大把銀兩，交由台積電研發生產的理由之一，畢竟這麼高要求的良率，客戶晶片每單位的成本相對低廉許多，因此，「成本價格比」由台積電承製還是划算多多。

元件效能及良率的提升是每位台積電資深工程師長時間工作以來，念茲在茲的工作重點。這種解決能力不是只靠美國名校理工博士學位或教職經驗可學習到的，更要一步一腳印從各種電子、物理變化，配合研發生產設備，不斷的嚐試、分析，失敗了再微調，或換個不同參數角度再測試、分析。在名校博士主管帶領下，有時還得靠下面一群 20 年以上功力，來自台

成清交碩士練就疑難雜症本事帶領的小團隊，抓出問題，突破元件效能及良率臨界點。

　　由此可見台積電雖然有幾千位博士，且不乏來自美歐日名校的博士專家，卻不一定能找出解決良率，讓創新產品大量生產的問題所在。相信在台積電研發、製程有 10 年以上資歷的員工同仁都能同意這項結論。

　　深入分析晶圓代工的「技術內涵」，再次強調製程技術三個關鍵階段：首先，要研發出新的製程，提供更小更快更省電的元件給 IC 設計公司使用；其次，要對準「良率」，不斷的挖掘問題、改善問題，逐步的提升良率；最後進入量產階段，追求量產的交期快、品質穩（良率維持 99.9% 以上）。近年英特爾、三星在 7 奈米製程，就栽在這個階段，後面兩階段的競爭力，更是台積電技術與管理的強項。

　　所以，談晶圓代工三項關鍵技術的長期競爭力，就要分析核心工程師人力的質與量。既然，從 90 年代開始培養的研發、生產人才，從經理、資深經理到副處長，這個層級的中堅幹部，以及他們帶領的五、六百個專案團隊，是整個台積電的核心技術力所在，那麼，劉德音董事長、魏哲家總裁要關注的就不會只是第三代的領導班子是誰（相信他們跟張忠謀已有默契）？而是 10 年後的 2031 年前後，這上千位身經百戰的幹部退休後，他們的實務豐富經驗如何傳承？後繼者解決良率的能力，能有目前這數千資深工程師的幾成？

研究半導體技術的人都知道「摩爾定律」，也就是美國半導體巨擘英特爾的共同創辦人之一的摩爾博士，以 1960 年代開始，積體電路的技術精進軌跡說明，因為非常的精確明白，這個產業的人士就把這種製程技術進步的模式，稱之為「摩爾定律」。也就是把不同線路多個零件放在同一片晶片的技術，每兩年體積會縮小 1/2，或者，面積不變放進的零件線路卻多出一倍。

半導體晶片的摩爾定律成為台積電幾十年來技術追求模式，只不過，隨著 TSMC 營收利潤不斷攀上高鋒，每年投入更多的研發費用，把摩爾定律發揮得淋漓盡致，以至於到 10 奈米技術階段，面臨往下就是摩爾定律的臨界點。也就是說，因為一片積體電路已經放入了幾億根的線路跟零件，非常非常的細微化；因此，2010 年前後，當 20 奈米製程技術出來以後，很多專業人士判斷，往下很難再有每 2 年擴大兩倍績效，這麼精密技術的可能了。

沒想到，連這樣的大瓶頸，還是被台積電為首的幾家大廠繼續打破，製程從 16 奈米往下再走，10 奈米、7 奈米、5 奈米、3 奈米，一直到最近進入規劃階段，預計 2025 年量產的 2 奈米製程。這樣的技術精進的程度，簡直不可思議。

半導體產業另一大技術領域，就是往立體堆疊的 3D 封裝技術發展，要知道一片晶片可以在單位面積上越做越小，或同樣面積裝進數以倍計的元件與線路，也可以藉由高階立體的 3D

封裝技術往上發展。由資深副總余振華帶領一百多人團隊，費時 3 年研發的「異質微系統 2.5D/3D 整合技術」，可以讓每片積體電路晶片堆疊起來，呈立體發展的 2.5D、3D 狀態，突破了每片晶片上下堆疊時產生的互相干擾與微型化的困難。

要知道，半導體的技術進步很快，張忠謀在他的前半自傳就提到，剛進德州儀器時，非常欽佩他部門總經理的專業，可是隔了 10 年，他還用當年的技術思維領導時，卻已落後許多。張忠謀謹記著這個教訓，即使到了 78 歲回鍋當執行長時，他還保持每週閱讀半導體發展技術性的文章與內部資料，才不會與營運發展脫節，作錯誤判斷。

當初余振華帶著這個專案向張忠謀報告時，他想必早就在思考摩爾定律如何突破的問題，因此馬上拍板決定，全力支持這個專案。余副總帶領的研發團隊一百多人，耗時 3 年的過程中，不免被質疑投下這麼多人力預算，能成功嗎？最終，居然被他們做出來了，改寫半導體技術發展的新一頁，也讓台積電把競爭對手差距拉大一大段。說余振華與他的團隊天縱英明也好，張忠謀領導格局眼光過人也好，千里馬總要有伯樂的挖掘賞識。正因如此，2017 年張忠謀推薦余振華給蔡英文總統團隊，在當年獲得「總統科學獎」；這個獎以往都只頒發給國際知名成就的中央研究院院士，余振華的發明對台積電、對世界半導體技術的發展太具關鍵性了，所以打破成例，獲得了這項難得的殊榮。

余振華副總研發的這套 2.5D/3D 封裝技術，間接又促成了

台積電第三個高毛利的製程技術市場——那就是在此 3D 封裝技術為前提，成熟製程環境下的特殊功能元件訂單。這個 0.18 微米 -28 奈米成熟製程技術領域本來是聯電、格羅方德晶圓代工第二、三名的代工領域，問題是他們沒有 2.5D/3D 封裝技術與專利，無法搭配研發試作，白白把訂單拱手讓給了台積電。正因為是成熟製程，所以設備折舊成本早歸零，良率突破相對高階產品容易許多，這樣的技術鴻溝幫台積電多開發了一大塊業務。如果把先進高階製程技術、2.5D/3D 封裝技術、成熟製程特殊功能元件技術這三大技術領域，幫台積電創造的營收按比重計算的話，應該是 7：2：1。這就是台積電領先對手形成技術領先、創造營收的三大塊戰場。

台積電的這項 2.5D/3D 封裝技術領先，未來在另一個領域也將發揮關鍵性作用，即 IC 載板（Substrate）。這是原本領先英特爾市占率兩年多的 AMD 最近一年栽了大跟斗的元件。要知道晶圓製作完成後會把它裁切成一小片一小片封裝在所謂的 IC 載板上，可以形容為更小更精密的印刷電路板（PCB），沒有它，晶片製程就未完成。英特爾在 2019 年就包下台灣前兩大 ABF 載板廠的整廠產能，所以在 2020 下半年的載板供貨吃緊下，不受影響。反倒是 AMD 沒能未雨綢繆，主力產品 CPU 缺了它無法交貨，兩者比較形勢逆轉，市占率又改變。台積電面對這波戴板供應荒下，為提供客戶更完整的解決方案，也跳下來規劃在竹南廠建置大型載板（10x10cm）高達 26 層，比現

在任何載板技術高出許多。無疑的，這項 2.5D/3D 封裝新技術，剛好派上用場。

近年來，台積電每年投入研發的費用高達四、五百億元台幣以上，這是令人難以想像龐大的數字，回想 1986 年為了二億多美金的資本額，張忠謀到處奔走，接觸歐美日十幾家跨國企業，尋求多家國內公民營企業的投資，每家企業投資金額也不過三、五億元而已（荷商飛利浦占投資比例最大，也不超過二十億元），真是不可同日而語。

更進一步，魏哲家在 2021 年的 6 月初 TSMC 舉辦的「台積電半導體技術論壇」指出，台積電持續擴展由三維矽堆疊及先進封裝技術組成的完備 3DFabric 系統整合解決方案，針對高效能運算應用，台積電將於 2021 年提供更大光罩尺寸支援整合型扇出暨封裝基板（InFO_oS）及 CoWoS 封裝解決方案，運用範圍更大的布局規畫整合小晶片及高頻寬記憶體。系統整合晶片中晶片堆疊於晶圓上（CoW）版本，預計 2021 年完成 N7 對 N7 驗證，並於 2022 年在嶄新的全自動化晶圓廠開始生產。

外界很多人都以為台積電不做封裝測試，所以才會有日月光京元電子這麼大的封測廠商出現。這其實是一種誤解，台積電也做封測，只不過它做的封裝測試都是最高端的技術，前兩家廠商技術也跟不上，為了晶圓製程一條龍高端研發生產的完整性，TSMC 必須跳下來做，並且，這種高端技術的封測廠 2022 年台積電將達到五座。

其次，隨著台積電在海外生產據點的擴大，中國的松江、南京廠以外，美國亞利桑那廠、日本廠、德國廠未來數年將紛紛設立，並加大規模與人力，整個智慧財產權機制能否保持滴水不漏的防範，避免產業間諜的滲入或駭入，這是每天都要關注，動態的問題。

另方面，隨著科技運用走向 5G、IOT（物聯網）、人工智慧、工業自動化 4.0、電動無人駕駛汽車的趨勢發展，智財權，尤其是其中的專利這塊布局，如何不踩到美中日韓等布下的天羅地網，將是不同於過去一、二十年，更趨複雜的一面，需要領導班子更審慎以對。前述魏哲家在論壇線上發表分享給客戶最新的技術發展時，更進一步指出，配合世界數位化轉型的大趨勢，提供更高運算能力與更高效的網路基礎建設，使高效能運算應用，成為驅動半導體技術的主要動能。在這樣的前提下，魏哲家發表了支援 5G 時代的先進射頻技術的 N6RF 製程，這是這項技術第一次亮相。5G 讓晶片整合更多功能與原件隨著晶片尺寸日益增大，智慧手機內部與電池競相爭取有限空間。台積電首次發表的 N6RF 製程，將先進的 N6 邏輯製程所具備的功耗、效能、面積優勢帶入 5G 射頻（RF）與 Wi-Fi6/6e 解決方案。相較前一代 16 奈米射頻技術，N6RF 電晶體的效能提升 16%！這項技術對 6GHz 以下級毫米波頻段 5G 射頻收發器，提供大幅降低的功耗與面積，同時兼顧消費者所需的效能、功能與電池壽命。

據了解，在這次論壇上，台積電也宣布 5 奈米晶圓廠 2022 年下半年的量產產能將是 2020 年的四倍；3 奈米台南廠 2021 年將開始試產，預計 2022 下半年開始大量生產。

魏哲家特別指出，台積電於 2020 年領先業界量產 5 奈米技術，良率提升的速度較前一世代的 7 奈米技術更快，其中 N5 家族之中的 N4 加強版藉由減少光罩層，以及與 N5 激進相融的技術法則，提升效能、功耗效率、電晶體密度，自從 2020 年台積電技術論壇公布後，N4 開發進度相當順利，規劃於 2021 年第 3 季開始試產。它提到 3 奈米製程將增加 EUV 使用 3 奈米續在 FinFET 架構上的應用。繼 5 奈米之後，4 奈米製程技術提早於 2021 年第 3 季開始試產，較先前規劃提早一季。有「台積電總工程師」稱號的營運組織資深副總秦永沛在論壇上提到；台積電 5 奈米先進製程生產的良率指標 D0（平均缺陷密度）進展順利，正式投產後表現持續超越 7 奈米家族 D0；目前 5 奈米的 D0 已經比 0.1 還要好，其中 EUV 的快速大量使用是因素之一；4 奈米目前 D0 表現不錯，預計 2022 年時可和 5 奈米技術一樣好，這又是台積電技術的另一突破！

資金的競賽

接著談銀彈，也就是投資資金，有人說晶圓代工廠要保持

長期的競爭力，必須比賽誰投入資金的金山推得夠高，堆得慢、堆得不夠高，那麼 2-3 年就會敗下陣來。這話說得一點也不錯，要知道全世界設計生產晶圓機台的艾司摩爾（ASML）設備越做越精密，價格越貴，一台雷射拋光設備動輒就是幾十億台幣，採購越多投入的資源就越大，是故該公司設在台灣北中南科的研發維修單位越來越大，對台積電這樣的大客戶而言，當然是第一優先支援與投入人力物力最大的對象，這就是領先者優勢。

另外，如果我們把台積電自從張忠謀 2009 年董事長回鍋兼執行長以來的投資額統計，自 2009-2015 年平均投資金額在 150-200 億美元，2015 年以後，每年都在 250-300 億美元計算，這 12 年來投資總額超過 2,400 億美金以上；並且，越早投資的廠如 20 奈米、16 奈米的設備早已折舊完畢，因此在成本的競爭、報價的競爭方面就有很大優勢。這也是台積電兩手策略，一手技術領先，打對方一個耳光，另一手則是成本優勢又打一個耳光。英特爾也好，三星電子也好，或是中國大陸半導體晶圓廠幾年後加入競爭，在台積電兩手策略優勢下，也難以從它手上拿走多少訂單。

依筆者判斷，3、5 年後，國際半導體市場專業晶圓代工廠不會超過十家；這十家除了第一名市占率逾半的台積電毛利可能在 50% 左右外，剩餘幾家只好互相競奪中低階晶片的市場。想當然耳，報價競爭之下，毛利不會高，頂多就是 20-30%，這樣的情況很像智慧手機市場，蘋果一家毛利過半（50%），

其餘的三星、華爲、小米、華碩等多家加起來的總利潤都沒有蘋果一家多。

2021 年 8 月中旬，台積電宣布 10 奈米以上的報價調高二成，10 奈米以下高端製程報價調高 8%，造成市場大震撼，也將因此維持 TSMC 高毛利的水平，得到更充裕的盈餘與資金。

2021 年 3 月底，台積電高層對外宣布，未來 10 年要再投資二千億美元，繼續建廠擴廠，產能將會較現在的規模加倍，也就是跟現存競爭對手的差距會越拉越大。爲了實現這個目標，在土地取得、電力來源、水資源供應、人才培訓等都已開始「超前部署」，不同的行動計劃次第展開。

講晶圓代工產業的競爭，除了技術、服務、客戶信賴度外，就是比誰燒的資金夠大，誰的產能規模夠大；如果大到讓後面追趕的競爭者喘不過氣，覺得沒有什麼勝算，就會退出先進高端產品技術競爭的賽場。過去 5 年第二、三名的新加坡格羅方德與台灣聯華電子宣布退出 7 奈米、5 奈米的競爭行列，即是最明顯的例子。

最後，專家判斷，根據台積電經營團隊在 2021 年技術論壇多場演講中發表從 7 奈米、6 奈米到 5 奈米的量產水準，以及在 4 奈米、3 奈米的試產進度、2 奈米的規劃進度，加上高端先進封裝 3DFabric 獨步全球的技術，估計，來自 AMD、NVIDIA、FPGA（賽靈思）、Apple 等超級大廠，以及英特爾不得不釋出的先進晶片訂單。台積電目前所有 10 奈米以下的

先進製程產能到 2023 年爲止都已接滿，這樣的前提之下，英特爾想在高端先進製程商業市場有所突破，希望不大。頂多就是在美國國防軍事或太空科技相對量少，但因機密安全考量委託英特爾承製；除此之外，在商用市場，製程技術、人才團隊、資金投入規模，三大領域都再也難與跟台積電一拚高下。

4.5 21 世紀 AI 行銷系統

███ ▲▲

　　自從 2012 年開始，AI（人工智慧）已成為全球各行各業的焦點，如何將它導入企業「產銷人發財」五大領域，決定了與競爭對手的優勢差距。尤其跟客戶之間深入的互動功能，更是許多企業領導團隊關心的焦點，這也是台灣第一家新創獨角獸沛星互動公司，2021 年 3 月底在日本東京上市，一躍而成為市值近 20 億美元的背景。它的核心產品就是針對企業客戶的「資料科學平台 Aixon」，用來協助客戶打造運用其內部顧客數據的 AI 工具。

　　台積電也差不多在 2012 年左右，開始整合建置服務客戶的前瞻系統「AI 行銷及報價系統」（筆者給它的名稱）。首先，不斷更新的龐大資料庫包括了半導體產業技術、市場、專利、上下游各相關產業、個別企業的營運狀況資訊，運用 AI 深入學習與演算法的設計，讓這套系統成為 TSMC 今後與競爭對手拉大優勢的另一利器。

競爭力大師「五力理論」的塑造者麥克・波特曾經擔任台積電獨立董事，他對於產品或服務的「定價（pricing）」有過分析：如果你的產品（服務）是獨一無二沒有其他競爭者，那麼你個人就可以決定價格要訂多少。在行銷理論中我們稱之為「領袖價格」，可以在總成本（直接成本＋間接成本）往上加幾成毛利，像英特爾設計並生產個人電腦的心臟——微處理器（Microprocessor），有將近二十幾年的時間它幾乎是全球市場的獨占廠商，市占率高達七、八成，對手 AMD 被它遠遠拋在後面。蘋果個人電腦因是封閉系統，市占率很低也沒有威脅，因此，英特爾 CPU 毛利非常高，往往逼近 55-65%，是大家羨慕的目標。

　　最近十年的智慧手機市場也一樣，蘋果電腦的 iPhone 一支獨秀，它的價格自己決定，毛利都超過 50% 以上高階的 iPhone 12 以上一台 5、6 萬元，比筆電還貴！全球市占率前 10 名中的 9 家手機廠商品牌三星、華為、小米等等都很知名，全部加起來的利潤都沒有蘋果一家多。這就是技術（設計）領先的豐碩成果，張忠謀在美國半導體產業很早就獲知這樣的結論。

　　但是，市場上絕大多數的產品（服務）並非獨創，都只是紅海市場某種程度的一員而已，因此你的定價就必須乖乖的參考眾多競爭對手的品質、品牌知名度、市占率以及它們的訂價，才來制訂自己的市場價格。張忠謀 2020 年 10 月在清大的演講中就對定價有深入的分析，他說：「定價很重要，差別是標準

型產品和客製化產品，標準型是很多競爭者都有的，定價自由低但也是信任感等因素；像是大供應商如 TI 雖然價錢比其他人高，但客戶仍要從 TI 買一點產品，維持第二供應鏈來源，這就是客戶信任。

至於客製化產品，定價自由相當大，但定價需要技巧，要依據成本、客戶需求程度、客戶可承擔的財務數字，如當年和 IBM 做生意，我就知道他們出得起價錢，客戶的財務能力都要研究。」

因為早期在德州儀器工作 25 年的豐富經驗，Morris 對於「價格」的決定如以上他的口中親述，已有很深的歷練與體會。所以台積電的訂價制度隨著公司營運的成長與規模，一直都在修正、進步，發展三十幾年到現在，已經是一套完整、動態、運用 AI 的大數據動態報價系統。在這個系統裡承接的晶片製造，不是用一個產品的觀念來作報價，而是依照這款產品面對的整體產業環境的評估（研發水準、營收獲利、競爭者分析、市場規模與發展、技術演變趨勢……等等），每個階段的成長、市場地位而變化，它的訂價決策考量因素非常廣闊完整，甚至還成立一個專責部門由一位副總級主管負責「報價機制」。在他們定價的考量中除了上述成本分析外，最重要的有兩項：首先是總體面的：要隨時搜集分析全球經濟政治的變動因素，高科技發展趨勢、半導體產業生產者與供應鏈的競爭動態分析（包含設備供應、原物料量價的波動、競爭者產能與技術變

動⋯⋯）了解台積電面對這樣的整體環境，隨時隨地所處的競爭位置。

其次，就是報價對象──客戶個體的分析，從細項：客戶資本額、財務能力、還款紀錄、經營團隊的信譽等到較長遠的方面，例如：公司技術研發的階段能力、不同產品在全球市場的發展潛力、面對的競爭者分析⋯⋯等，運用演算法，建立一套不同客戶競爭力分析的完整動態資訊系統。有了這套系統才有所謂台積電對同一客戶不同產品，雖然用的都是奈米製程技術生產，報價卻不一樣的差異現象。道理很簡單，這個客戶委製的兩個產品，前者在市場已有某種獨特市占率，雖然訂單量大，價格不降，維持一定毛利率；反觀另一新的產品剛在市場試溫，需求量還不大，但是會用到 TSMC 的高端製程，提升製程使用率，台積同仁報的價格的毛利率反而低很多，等日後這個產品進入大量需求生產的時刻，再適時調整報價。

這種動態報價分析系統根據總體、個體的種種變動因素才決定的方式，雖然複雜，但藉用大數據（Big Data）加 AI 的動態演算系統，不但不會費時費工，輸入考量參數幾分鐘內就出現分析結果，是一套很有競爭力的系統。並且，更具前瞻的是，客戶在評估研發或量產前階段，台積電的業務還可根據這套系統，協助客戶分析在大環境種種競爭條件下，研發的新產品面對競爭態勢的各種風險與市場發展大小，讓客戶作更正確的評估，投入最有效的資源，產生最大的效益。當客戶得到最大效

益，台積電業務部門當然因為同步協力，所以也能開發出更多毛利更高的訂單。這種行銷已非傳統產業撰寫行銷規劃或作有創意的廣告可比擬。簡言之，這就是 21 世紀人工智慧大數據時代的行銷系統。

這套 AI 產業動態資料庫系統，由於涵蓋整個半導體產業技術、市場的發展與競爭情勢，所以，對內部而言，可以作為經營團隊研發晶圓代工技術的依據，判斷何時何地針對不同的市場，進行 20、28 奈米成熟製程（例如洽談中的日本合資廠）或 7 奈米、5 奈米、3 奈米不同階段的製程投資，以及各廠因應不同客戶的潛力產能做最佳的分配。對外，先從科技市場的發展，分析不同產品，現有的競爭者有誰，各家的實力，然後，根據技術發展趨勢與各家技術能量比對，找出前面幾家，與非台積電的客戶競爭，支持他們發展下一代產品，搶得先機。在對現有客戶報價前，先分析客戶產品在市場現在、未來的競爭力，判斷客戶面臨市場的玩家是誰？客戶製造成本、可承擔的價格範圍多少？再來決定價格報價。

我們可以舉一個很戲劇化的故事，來說明台積電這個大數據報價系統的威力。2018 年 12 月剛接任總裁的魏哲家在自家主辦的「台積電供應鏈管理論壇」邀請了一位貴賓主講，魏總裁特別介紹她出場，她是誰？她的前一個工作頭銜是：「英特爾總裁」，她的名字是詹睿妮（Renee James），美國新創半導體公司安培運算公司（Ampere）創辦人。因為她，這家公司

才能挖到英特爾三位大將，分別是執行副總裁維德旺斯（Rohit Vidwans），來自英特爾高階 Xeon 微處理器的設計領導；資深副總裁傑夫·維提遜（Jeff Wittich），來自英特爾雲端業務資深總監；安培技術長阿提·巴瓦（Atiq Bajwa）來自英特爾高階微處理器團隊領導人。

　　台積電從大數據庫中分析，覺得詹睿妮帶領公司團隊所研發的產品非常具有潛力，2018 年起組了專案團隊運用最新的 7 奈米技術，特別為安培開發的核心處理器研發生產，終在 2019 年突破良率關卡研製成功，也讓這款高端技術微處理器即時在 2019 年上市，領先了她的老東家英特爾在 Xeon 微處理器整整一個世代（2 年）！靠的就是台積電的全力加持。如今安培運算已被公認為是半導體設計領域的一顆新星。如果不是這套現代化報價系統的加持，光靠詹睿妮的背景，還不足以讓台積電投入相當的資源全力支持她。此外一石二鳥的考量是，支持越多專注於微處理器的設計公司，讓它們成功，除了勤練電腦、伺服器、手機三大領域微處理器的各種專案技術外，就是讓英特爾處於越來越多競爭對手的壓力，面對「台積電大聯盟」〔**註7**〕，終有一天必須坐下來好好想想，既然打不贏它的對手（因為有台積電），那就加入它（台積電），免得在「台積電大聯盟」圍攻之下，原有市場紛紛喪失。最終，對 TSMC 而言，就是那首老歌歌名：「總有一天等到你」。

　　觀察台積電的晶圓代工模式，其中產能的利用率，常常是

影響公司營收與利潤最大的來源。越先進的製程技術，毛利越低，越成熟的技術毛利反而高。正常 TSMC 的產能安排與報價，在一、二年之前就已決定，既然先進製程產能提早兩年前就要報價，為了讓客戶從舊製程技術轉到更先進製程，通常，初期毛利率會放低；等客戶量放大從市場賺到超額利潤時，再依照環境、產能、客戶下單量的因素變化，再做提升調整。通常每年固定會對客戶減讓若干折扣，不過從 2020 年開始，已停止這項折扣，外界認為是變相漲價，因為產能供不應求。甚至於 2021 年 8 月宣布中高階製程價格分別調升 20%、8% 的決定。

　　為什麼報價要提早到一、二年前？因為晶圓代工模式的特性：製程研發期長、改善生產良率時間長、訂製的生產設備（譬如 EUV）交貨期也長，所以台積電與客戶雙方對產品的預測要準確。即便如此，客戶為了保護他的產能權益，都會浮報一些作為安全量。台積電的內部生產管理準則，要求成本的計算是，依照產能發揮到 80-85% 之間來制定，如果產能超過這個水準，毛利就會提高，超出越多，毛利越高；所以，即使客戶產能報高，業務單位也會有備用訂單，隨時填滿，都是追求百分百的產能利用率。

　　筆者按：由於汽車產業近年功能走向電動化，內部有許多感測器與管控晶片，汽車廠提出功能規格要求到 IC 設計公司設計線路，送模組公司模組化，後回到汽車公司最後修正，通

常要 9 個月時間。2020 上半年新冠肺炎疫情發生，全球工商業、生活活動大受影響而一度減少汽車購置，以致大車廠的預測產量跟著減少，對晶片的需求訂單也減少；2020Q4 需求恢復，再向晶圓廠下訂單，依晶圓廠產能週期交貨，最快也是一年後的 2021 年底。這也是從 2020 下半年以來，所有的晶圓代工廠根本沒有多出來的產能可給各國大汽車廠的背景原因。

4.6 「對客戶全方位超前部署」的服務模式

本世紀初，網路發達起來後，所謂的「客戶關係管理（CRM）」，便成了流行於國內外企業的一門顯學，曾經有一陣子客戶及時服務（Call-in Center），也在各行各業紛紛興起。然而，在企業對企業（B2B）這塊領域，軟體專業公司因為不瞭解各產業上下游之間複雜的產銷關係，以至於在專業服務著墨不多；緊接著 2016 年起，大數據結合人工智慧演算法的應用開始在抓緊客戶的需要這方面大行其道。

其實，台積電早在 2000 年開始，為了做好客戶的服務，提高客戶的競爭力，領先做了兩件大事，首先，它成立了「創新開發平台（Open Innovation Platform）」，另一件事，它購併成立了「創意電子」。

「創新開發平台」就是台積電將它過往一、二十年所承做的各種形形色色晶圓代工專案，過程中從微元件的開發、小量試產的良率，以及量產化產能交貨期與高良率的管理過程中，

所累積的各種技術經驗，變成數以百千計的模組化（Module），協助客戶更有效率的線路布局與設計。另外，這個平台還提供各種先進的設計工具，減少客戶自行投資購置費用，並加入了專利布局的分析，讓客戶開發完成的原型產品，先在這個平台上運作；除了判別專利智財權的競爭態勢外，也讓原型產品更快融入製程的前置作業，加快它量產的步驟與時間。正因為如此，比起競爭同業，至少能讓客戶領先它的競爭對手二、三個月，在消費電子、通訊網路產品生命週期越來越短的近年，能搶先對手二、三個月推出產品（或服務）就搶了市場先機，即居於決定價格與毛利的有利地位。一如特斯拉在電動汽車領域的領先地位一樣，所以 ICT 產業的許多高科技公司寧可將晶片交給報價比較硬的台積電，為的就是爭這短短數個月的領先。

這個平台隨著台積電多年來承接的專案更多元、更複雜的歷程，經過不斷充實、升級的努力下，它涵蓋範圍的廣度與深度與日俱增，更加成為該公司作為晶圓代工龍頭一個非常有競爭力的犀利武器。不管是第二、三名的格羅方特、聯電或 IDM 大廠英特爾、三星電子在 TSMC 這樣的創新服務下，累積的能量與能力使他們都忘塵莫及。

至於「創意電子」這家公司的角色是什麼？ IC 設計公司嗎？非也，Morris 從成立台積電以來，自始至終都堅持「不與客戶競爭」的立場，專注作為晶圓代工的角色功能。所以創意電子不會是 IC 設計廠商，講明確一點，它是介於台積電生產

製程與 IC 設計公司之間的橋樑，協助 IC 設計公司客戶善用台積電的資源；如上段文章介紹的創新開發平台，讓規模較小或新的客戶如何去善用平台內的模組技術，或者協助它們進入量產階段碰到的困難、前置準備作業到後段投片生產。對已經是台積電老客戶的大廠來講，團隊分工較細、製程也熟悉，較少這方面的問題；但對中小型規模客戶，越先進的製程技術，配合的前後作業就越複雜，有了創意電子的協助，就能很快融入小量試產及銜接大量生產的作業。也因創意電子扮演的功能，所以它協助客戶的製程技術越先進，得到的服務收入也跟著越水漲船高。

所以，我們得到的概念是台積電作為一個專業的晶圓代工廠商，面對全球的客戶對象是：跨國家、跨行業、跨技術層次、跨產品與跨服務領域，有了以上兩大服務工具，使得它的專業代工本事提供垂直式的完整服務，緊緊的抓住客戶的需要。近來，坊間流傳一句話：「超前部署」，台積電多年來下的功夫，就是為客戶的需求超前部署，難怪它的毛利如此高水準，因為，它「服務競爭力」早早走在晶圓代工產業前面。

再舉個例，蘋果是台積電 2015 年以來最大的客戶，它每年供應蘋果的 iPhone6-12 系列晶片，總數超過一億顆以上，這麼大的產能，要在幾個月內產出，它怎麼做到的？答案就在該公司中科及南科 12 吋晶圓先進奈米及晶圓廠運作模式，已高度生產自動化。

台積電製造中心黃副處長在一場演講介紹中講到以中科15廠爲例，相當於三座職棒棒球場大的廠房內，安裝了巨大的自動倉儲物料搬運系統，近百輛無人搬運車（AGV），每天24小時不間斷接受超過800萬個指令，讓它們來回倉庫與生產線之間，至少60萬次，搬運不同的元件物料數以百萬計。爲了這樣的控制，裝置在廠房天花板內的通訊軌道系統至少有50公里長，不小於一條大都會的捷運系統。

　　台積電爲了服務客戶，達到有效率、高品質的交貨速度，在倉儲及生產自動化方面這幾年來確實下了很大投資與技術力。在它幾座最先進生產廠區內，幾乎是無人化工廠，浩大的工廠沒有幾個人，可說是全世界最現代化、自動化工廠之一。這樣的成就，增加了它與同業競爭的另一優勢，爲服務客戶添了一項利器，使他朝向「全方位客戶服務」又前進了一大步。

4.7 1,300 家供應鏈大軍

台灣半導體產業從 2010 年開始，即成為我國年產值超過 1 兆台幣的三大科技產業之一，每年並且以兩位數成長率節節上升，牽涉的上下游廠商數千家從業人員三十幾萬人。我們從半導體產業鏈來分析，最上游就是建廠涉及的建築設計、營造、無菌無塵空調工程、水電工程、辦公室設備等，中上游則是供應晶圓專業硬體的設備、材料廠商，以及供應軟體的晶片設計軟體（EDA）與矽智財廠商。

中游則是台積電主要客戶群——IC 設計公司，再下來就是晶圓代工製造，下游當然就是封裝測試廠商；至於物流及晶圓代工過程中設備維修、無塵衣清洗等，則列為營運相關的服務周邊合作業者。

2020 年國內各界談到台積電對台灣的貢獻與重要性時，有關「供應鏈」的扶持、壯大，是政府、產業界對該公司頗為期待的焦點。以往 20 年，台積電忙著製程技術的突破，先是從 1

微米到奈米這一關，藉由幫 NVIDIA 承製高階繪圖晶片（GPU）的機會，進入所謂次微米的精密製程領域，不斷推升到 2016 年在 10 奈米以下至今，把英特爾與三星電子甩在後面，領先 1.5-2 世代。然而對於晶圓代工設備、機械、材料台積電高層團隊顯然有努力空間。本地採購的比例尚低於 30% 以下，有待繼續加油。畢竟，近年來採購金額每年都在五、六千億元以上，只要將其中的五成用在扶植本國廠商，想想看，將可幫助壯大國內電子、機械、電機等產業，讓他們在 5-10 年內相對成長逾倍，這是有點可惜的事。但這幾年來台積高層已有所檢討及改善，值得鼓勵。當然，扶植的前提是國內供應廠商規格品質要先到位。

　　TSMC 不只是全球數百家 IC 設計公司的晶圓承製生產廠商，它本身採購的金額與創造的供應鏈更是驚人，包括有：廠房工程與建設、廠務多元化服務、設備與零件供應、設備保養維修服務、晶圓與封裝材料、化學與氣體供應六大類往來廠商，為數 1,300 家之多！這六類廠商無論是提供產品設備或服務，2020 年從台積電收取的費用高達 6、7 千億台幣，有許多中小型廠商雖然做的是單價低、量大的服務，卻因台積電的肯定成為該行業的新起之秀。這裡，我們特別在每大類特舉一些代表性廠家，有的是實力雄厚信譽卓越的大廠，有的是麻雀變鳳凰隨著台積電壯大而變大的案例。

　　一個年營業額超過 3 兆的半導體產業，聚集了上萬家的上中下游廠家，全球知名的半導體設備大廠艾司摩爾（ASML）、

材料大廠應用材料（Applied Materials）、日本矽光等大廠，都紛紛來台灣設立母廠以外的研發中心，為什麼？為的就是要服務全球營業採購量最大的客戶——TSMC！台積電不只是讓這些世界級的大廠願意將他們最新的創新技術拿到台灣測試，並且設立生產維修基地，雇用了本地數百千位技術人才，讓台灣的半導體產業技術上下游整合更加完整與細密化。關於艾司摩爾（ASML）生產的EUV，台積電營運組織資深副總秦永沛在台積電2021年6月1日技術論壇就指出，台積電已在全球EUV機台安裝量占五成，在EUV wafermove占全球65%，顯示學習經驗豐富與量產成熟能力。台積自製光罩薄膜2021年產能也因此較2019年大增20倍滿足客戶大量需求，並持續提升生命週期，估計今年內會達到DUV設備水準。此外，2023年5奈米產能與2020年相較，將大幅成長逾4倍，近3年先進至製程技術產能也增加三成以上。

有次公開場合，台積電資訊技術及資材暨風險管理資深副總經理林錦坤即表示，衷心感謝所有供應商密切的合作與支持，提供台積電今年產能擴充與新廠建置中，所需的產品、技術及服務，協助7奈米製程產能擴建，未來期待與供應商夥伴持續攜手合作，為5奈米製程量產做好準備。

2019年12月台積電劉德音董事長頒發「卓越貢獻獎」給互助營造、漢唐等14家，優良設備、原物料及廠務供應商，包括應材、台灣先藝、艾司摩爾、荏原製作所、科林研發、東

京威力科創、美商泰瑞達、關東鑫林、默克先進科技、信越化學、勝高科技，以及本土的互助營造、漢唐集成、台特化三家廠商。這也顯示，近年來台積電積極扶植本土供應商，成為規模大、技術精密又專業的努力，有了初步良好的成果。

　　以下，我們就從廠房工程與建設、廠務多元化服務、設備保養維修服務、設備與零件供應、晶圓與封裝材料、化學與氣體供應六大類，來分析台積電龐大供應鏈中的代表廠商。

一. 廠房工程與建設

　　台灣的科技廠房建設在 1980 年代，隨著個人電腦暨周邊產品高速成長，產能膨脹甚快，因此廠房的建設，一方面要符合無菌無塵室的要求，另方面還要加快建設速度。二、三十年下來，就形成了台灣營建產業幾個月的時間，就可以建構完成龐大廠房的能力。像光電面板業的友達、群創，在中部、南部科學園區的上萬坪龐大廠房，從施工到完成只有 6 個月！並且，這些建築營造廠商配合業主創新的眼光，每座科學廠房都設計得非常具有美感與現代化，一掃過去工業區那種常規廠房，千篇一律只重視功能、毫無美感的現象。同樣的也把這樣的經驗與技術能量用在半導體晶圓製造的超大型廠房；只不過，晶圓製造廠發展到奈米時代，廠房生產線的環境要求，除了超精

密潔淨水準的無菌無塵室（Class1-10）外，還要耐強震、防火、防颱等功能。對台積電主管而言，能幫它蓋座如此高科技要求的廠房環境認證過程，都要經過嚴格的把關，互助營造這家建築營造業的資深廠商，以及空調水電無菌無塵室領域的漢唐集成這家專業公司，就是其中多家廠商的典範。兩家公司分別從 1986 年起，就打入台積的廠房工程供應鏈，持續數十年與 TSMC 一同成長茁壯，並且成了營收規模分別達達 180 億、358 億（2020 年營收）台幣的半導體工程設備專業公司。

如果要講到大型科技廠房的建設，無疑的，互助營造是國內建築業的翹楚，它不只是國內排名於前、最老牌的營造廠，在創新觀念方面，也領先業界提出許多創新的設計與建築工法，使得台積電從建廠開始就與互助營造成為關係緊密的夥伴，隨著從 5 微米到 3 奈米每一座大型晶圓廠都有互助參與建造的貢獻。台灣半導體產業二、三十年來能夠如此的蓬勃發展，這樣的營造廠夥伴功不可沒。也因此過去 20 年來互助營造多次獲台積電選為「卓越貢獻夥伴廠商」真是實至名歸。

歷年來互助營造參與的台積電廠房建造紀錄：
1. 台積電晶圓二廠、三廠、四廠、五廠、六廠系列廠房建造。
2. 台積電十二廠 Phase I、Phase II、Phase IV、Phase V、第六期 Shell Package。
3. 台積電十四廠 Phase II、Pahse III、第六期 Shell Package。

4. 台積電十五廠 Phase I、Phase II、P6 Fab Shell A 1B1 P5 Fab Shell Package-5B。

5. 台積電 18 廠 P1 Fab Shell Package、P1 CUP Shell Package F18 P2 Fab Shell Package。

6. 台積電封測廠。

　　一座晶圓代工廠隨著產能日漸龐大，在規劃之初就要預留許多空間，主廠房本身戰地通常都要有二、三座足球場大，除了要有承包主建築物的營造廠外，還要有製程生產線環境所涉及的無塵室（Cleanroom）、水、電、氣不同管線與空調工程的工程承包商參與，他們的施工過程、排序、大型設備入駐、工安等系統也非常複雜。

　　其中，以無菌無塵系統與相關設備供應著名的專業廠商漢唐集成，參與了台積的廠房設備工程歷經三、四廠機電系統整合，到 12、14、15 廠的許多階段的工程與設備供應，可以說是在無菌無塵領域最專業，成為台積電生產線工程系統緊密的夥伴廠商之一。

漢唐集成參與台積電無菌無塵等專業系統與設備紀錄：

1. 台積電三、四廠機電整合系統。

2. 台積電 12 廠 MEP 工程，Mepoff1-6 工程，HQ7-9F 工程 Support 1F C/R 工程 12 廠 Phase 3B Proj.，P5 工程 P4-PX 工程，P7/CR 工程。

3. 台積電 14 廠 Mep 工程，無菌無塵室系統工程，Me 工程 Hook UP 3K Turn Key Package 41K Hook UP，P3 MEP+FP p2 61.3K Hook UP P214 廠 N4 4N65 B P4 F14 P3。

4. 台積電 15 廠 P1/F15P1/P2 無菌無塵室系統，MEP C。

5. 台積電南京廠無菌無塵室系統。

二. 廠務多元化服務

　　由於 TSMC 從 28 奈米開始，到近年的 7 奈米、5 奈米、3 奈米，領先世界同業，南韓及中國為了分一杯羹，也無所不用其極，用挖角、人帶機密資料投奔等方式，想辦法要拿到它的技術；加上它每座工廠內的設備材料動輒上千億，因此對於工廠內的安全與保密措施必須做得非常嚴密。這裡頭就讓經營安全卡、防毒軟體、防駭客機制產品、保全設備等配合供應商得到相當高毛利而穩定的收入。

　　台積電廠務相關供應商種類繁多，牽涉不同領域有數百家之多，在此我舉幾家廠商代表來印證。

　　台北工專礦冶科畢業的白陽泉作夢也不會想到，在他人生即將邁入半百的 48 歲那年，居然為台積電等半導體業者開辦了一家洗衣公司。諸君可不要小看這家洗衣公司，它洗的可是半導體工廠內工程師作業員每天都要穿的無菌無塵衣，這種暨

專業又具科技成分的「洗衣公司」，並不是街頭小巷那種年營業額幾百萬元的傳統洗衣店。開業 21 年，如今白陽泉開的這家尚磊科技公司，年營業額超過 1.1 億元，員工也有 80 幾人，一年包括台積電等半導體公司大大小小兩百多家，洗滌產能無塵衣 150 萬件，無塵鞋 60 萬雙！

為了環保，台積電希望機台無塵捲布用完後，可以透過清洗再使用一次，尚磊就配合研究承包這項工作。「這麼賺錢的企業，那麼小的耗材也希望回收使用，這點讓我印象深刻」，白陽泉說〔**註8**〕。事實上白陽泉的本事遠在他退伍找到第一份水處理有關的工作時，就用到他在台北工專礦冶科唸五年的專長，從事水處理的工作。他回憶年輕退伍時找不到大公司的工作，最後從一個小小的分類廣告找到一家水處理的小公司，當時這項工作跟環保連結。而 60 年代的環境，大半企業的老闆生產賺錢都來不及了，根本不把環保當一回事；也就是說企業負責人多半還沒有所謂「企業社會責任」這樣的觀念，凡是跟生產無直接相關的成本能省則省，把廢水處理都當成錢坑，他做得很痛苦。最後毅然決然跟好朋友一齊出來創設人生第一個事業，成立十大環保公司，專業處理工業廢水、都市污水處理的工作，算是國內最早的首批以環保為職志的企業。剛開始時生意不好做，經過幾年艱苦的經營，後來配合台灣經濟起飛以及企業負責人對環保的意識逐漸抬頭，十大環保終於打開業務走向康莊大道，業務越來越順利。這時候因為一位客戶對「純

水」的要求，讓他嗅到另一個商機，針對半導體公司的需要，另外再創立尚磊科技，面對半導體公司無菌無塵衣循環使用，以及洗滌必須絕對乾淨的苛求，他深入研究後，就開拓另一條特殊的半導體廠務服務領域，讓尚磊成為國內專門服務半導體產業廠務的十幾家供應商之一。當然，台積電因為工廠最多規模最大，成為尚磊最大的客戶。也促成他創立兩家公司的遠見與成就，因此還當選母校台北科技大學（原台北工專）百大傑出校友之一。（尚磊科技成立於 1999 年，董事長白陽泉，年營業額 1.1 億台幣。主要營業項目：無塵衣、無塵鞋洗滌、無塵捲布回收利用。）

三．設備保養維修服務

真空系統是半導體晶圓製造不可或缺的過程，晶圓生產過程中有好幾道製程需要在真空狀態下，透過釋放出各種特殊氣體，以保證在：蝕刻、鍍膜下，晶片才可以達到非常高的良率。這種每天三班不斷，終年生產的晶圓工廠，這些製程設備想當然爾，為了維持百分之百正常運作的高度生產力，必須做好維護；並且，因為晶圓代工廠高精密度的要求，維修真空系統等設備的能力，要非常的潔淨精準，非一般小廠所能為。

號稱被台積電魔鬼訓練下最終熬出頭的——位於台南市安

南區的日揚科技，就是專做真空幫浦維修的專業廠商，每一台從台積工廠搬回來日揚廠房的幫浦，經過它們專業師傅們在無菌無塵室的環境中，將零件一個一個拆下排序好，仔細的清潔後，再把零組件一件一件安裝回去，機內機體維護後整齊成排閃閃發光，技術就這麼簡單嗎？當然不是，光是為了解決幫浦落塵的問題，該公司自行研發了洗滌器（Scrubber），可以用水把落塵抓住，使得原本三個月得清洗一次的幫浦，可以延長到一年多都不用再維修〔**註 8**〕。另外他們研發人員也在真空系統的渦輪泵透過特殊設計，降低了落塵沾黏的問題。該公司執行長寇崇善在回答媒體訪問時指出：「台積電要求我們真空系統設備要在潔淨室裡組裝，全世界大概只有我們這麼做。」在這樣嚴格的要求下，寇崇善觀察，比起愛德華等國外先進廠商日揚具備更強的服務實力，到底這樣的生意有多大值得他們這麼投入？他認為，一座月產能四萬片規模的晶圓廠，至少需要 1,500 台真空相關設備，抽乾空氣的渦輪泵、微塵洗滌器每年都要作一到二次的維修；並且，當維修時，日揚要將預備好的真空備品先裝上去，讓製程正常運轉，對於台積電、聯電這樣滿載全日運轉的半導體公司，如何做好配合很重要。

　　寇崇善在這次採訪作結論時說：「作台積電的生意說難很難，但從某一層面來說，其實也滿簡單。困難的地方在於台積的要求很嚴格，成本也掐得很緊，還有對環保工安勞工人權，種種多如牛毛的規定，而且不是嘴巴講講而已，是會來公司稽

核的。但簡單的是，它付款從不拖延，不需要靠關係或人情才要得到訂單，一切都按數字辦事。」因此，「這種供應鏈管理文化，產品只要通過台積電認證，在爭取其他半導體業者的訂單上，成為很大的加分，流程上往往加速很多。」寇崇善如是說。（日揚科技1997年成立。主要營業項目：真空腔體、模組、滑門設計與銷售，真空系統設備保養維修服務。2021年天下雜誌排名製造一千大第829名，營業額25.66億台幣，獲利率11.46%。）

四．設備與零件供應

要講半導體設備這個領域，數十年來，都是美日歐大廠雄踞的天下，其中最受矚目的就是提供半導體關鍵設備EUV的荷商艾司摩爾（ASML），它在極紫外光微影製程技術領域遙遙領先，也因此，這種設備的訂價是它自己說了算。從2018年台積電成功的把7奈米製程技術量產化後，其中關鍵原因之一也是因為艾司摩爾新一代的EUV設備技術可以配合台積電的需求，兩者的合作緊密無間，也在各自領域獨霸一方。但是也因為EUV技術的複雜性及設備昂貴使得每台的費用節節高升，10奈米以下每台EUV的價格高達數十億元。而從2018年起，TSMC因應高端產能的需求，每年採購的EUV台數達到

15-25 台，採購金額上千億以上，這種幾乎是獨一無二的供需雙方關係，羨煞了半導體的許多同業。

當然，半導體廠還需要許多設備，晶圓生產流程涉及的加工步驟，以及工廠自動化系統等，涉及的領域廠家上百家以上，有製程與自動化設備的京鼎、萬潤、盟立等著名大廠，也有專攻 EUV 光罩盒的家登等廠商。就拿盟立為例，它是國內非常資深的機器人（機器手臂）自動化系統與設備專業廠商，它的創辦人即現任董事長兼總裁孫弘，是美國威斯康辛機械工程博士、自動化專家，當張忠謀回台灣擔任工研院院長時，孫弘是工研院機械工業研究所副所長，他們那些年之間已有許多互動。筆者當年也跑自動化領域，機械所在 80 年代是國內研究機械手臂及自動化設備的唯一研發機構，孫弘當年在這領域就是多項專案的執行者，加上他 1989 年就創辦了盟立，可以說他是國內自動化領域教父級的人物。90 年代 TSMC 還沒有這麼大的時候，IBM 是當時全球科技領域公認的老大，盟立即連續 5、6 年被 IBM 選為卓越或最佳合作廠商。台積電國內外十幾座工廠所以被各界稱許為自動化的模範，以上幾家廠商的努力，功不可沒。

家登精密則是另一類微小設備供應商，它製造什麼？它是台積第一家黃光微影製程用零組件供應商。它的產品包括：半導體光罩清洗機、光罩盒等，2006 年曾獲得台積電技術肯定獎狀，特別的是家登專攻晶圓與光罩兩種特殊產品，前者從

100mm 到 450mm 五種載具，光罩盒更是各種尺寸都可匹配，這種從藍海中找機會的廠商，也是 TSMC 眾多供應商的另類。

五．晶圓與封裝材料

本書第二章有提到台塑集團董事長王永慶與台積電的創始人張忠謀，兩人早年因籌資互動的經過。台積電成立後前面的十年，兩家公司沒有什麼互動，台塑投資的少數股份也在台積成立沒幾年早早賣掉了，山不轉路轉，一直到 1995 年雙方才又有了交集。這一年台塑集團與日本半導體材料界有名的小松（SumcoTechxiv），即日商勝高合資成立了「台塑勝高科技公司」，將日本母公司的技術移轉到台灣，專門供應以台積電為首的半導體廠商，俗稱晶圓棒的 8 吋矽晶圓材料（拋光、氫氬氣、測試）、12 吋矽晶圓材料（拋光、磊晶、測試），為積體電路之基板，為積體電路半導體產業最重要的原料，用於 IC、DRAM、光電二極體、分離式元件、晶圓代工及太陽能電池用基板。2019 年該產品銷售區域比重台灣占 79.5%，外銷（亞洲、美洲）占 20.5%。2019 年公司 8 吋矽晶圓台灣市占率為 22%，12 吋矽晶圓市占率為 17%。台勝科兩大客戶群來自於晶圓代工以及 DRAM，國內 DRAM 廠商幾乎都是台勝科的客戶，而在晶圓代工的部分，當然以台積電為首，其次還有聯電、大陸中

芯、華虹等。

矽晶圓國內競爭廠商包括環球晶、合晶、尚志、統懋、嘉晶等，國外競爭者為 OCI Company、Oki Electric、Shin-Etsu Chemical、Sumco、SunEdison、Covalent、Komatsu Electronic、LG Siltron、Wacker Chemie。日本母公司 Sumco 為全球第二大半導體矽晶圓廠，取得 Sumco 之生產技術及合作是台勝高競爭優勢。公司擁有拉晶、切片、研磨、拋光、清洗與磊晶全製程之 12 吋矽晶圓供應商，有在地供應及可降低客戶備用庫存之優勢，加上台塑集團內有南亞科技及華亞科技的支持，產品去化沒有問題。

台勝科因為多年來產品品質與交貨期表現優秀，得到台積電的充分信任與肯定，因此成為 14 家卓越貢獻獎的廠商之一。除了台勝科以外在晶圓與封裝材料領域還有環球晶、合晶、尚志、長華、光洋科等數十家廠商，每一家廠商莫不在每個晶圓製程繁密過程中尋找藍海。像光洋科從 2019 年投入半導體靶材的研發，歷經兩年的努力，2021 年第四季，預計可以量產提供台積電、聯電的需求，就是一例。

六 . 化學與氣體供應

晶圓製造的過程中由於晶刻、純淨等要求，需要各種不

同的工業氣體，因此，多年來也扶植了幾家大規模、中外合資的專業公司。本書 6.2 談到台積電在綠能〔註 9〕方面的投資時，特別提到亞東工業氣體是 TSMC 優良氣體供應商，法國液空集團（Air Liquide）與台灣遠東新世紀集團合資的「亞東工業氣體」在台南科學園區建立的新廠房。台積電不僅與這樣優秀的合資廠商合作成為供應夥伴關係，有時候，這些合資廠的海外母公司也會帶來現代化的觀念與技術。Air Liquide 發展的採購電子化系統 Coupa 極為先進就是一例，它免費供應合作夥伴使用。Coupa 是一個領先的電子採購平台，將採購人員與供應商連接起來；Coupa 透過網路連結，因此可使各式各樣的系統相容（隨登即用）。液空集團將採用 Coupa 供應商入口網站（CSP）作為供應商使用平台，採購間接物料和服務，同時建立和傳送採購訂單。Coupa 供應商入口網站（CSP）是免費提供給供應商四項功能：1）管理你的公司資訊；2）設定你的採購訂單傳送偏好；3）建立線上產品目錄；4）瀏覽你所有的訂單。

Chapter.5

TSMC 代表性的發展故事

5.1 一切起頭難──6吋廠的起步

　　創業起頭難，一點也不錯，想當年，張忠謀克服了為數龐大創業資金的籌募後，緊接著要成立第一座工廠。要知道，台積電成立前12年的強烈競爭對手聯華電子，就設立在新竹科學園區它公司的附近；並且，早它7、8年前成立，已順利邁入營利、創收成長的良性循環，公司知名度也被各界周知，人才往穩定的公司方向走。因此，聯電找一階人才容易，並且無論是研發、生產、業務各方面人才濟濟，台積電想向有經驗的人才招手，很困難，剛畢業的大學碩士生也因TSMC到底是家什麼樣的公司，而裹足不前。

　　幸而因剛回台的前4年（1986-1990年），Morris身兼工研院院長，而工研院電子所就是台灣半導體產業人才研發培訓的大搖籃，就與電子所所長史欽泰、副所長曾繁城等商量，將該所的6吋晶圓示範工廠，整廠移轉技術到台積電籌備處。另方面，設備能全能發揮運轉，相關研發生產人才才有具體的出

路。當然，如同前述，當電子所主管向該所技術、業務人才廣徵到新創公司台積電工作的意願時，還是有不少人選擇繼續留在工作待遇相對穩定的電子所，不願冒著風險去這家新公司就任。

台積電成立的第一年，因為得到電子所的全力協助配合，取得「三低優勢」，所謂三低指的包括廠房建置費用低（園區土地廠房租費用比較國外相對低）、設備建置費低（開始先向電子所租借）、人力薪資成本低（自電子所移轉人才）。

回想起來，第一座 6 吋晶圓工廠所以能順利運轉，就是負責生產的副總曾繁城帶領這 120 人左右團隊，他們原來就是工研院電子所培養幾年的技術工程師，所謂「養兵千日，終在一時」，這群有經驗的團隊，讓台積電在第一年初創運作，就獲得一批高素質、低成本的人力，很快的上手解決產品良率、量產等問題，順利的展開運作。

曾繁城在台積電建廠及經營生產的數十年，扮演了襄助張忠謀的重要角色，2018 年元月新竹的清華大學頒發雙榮譽博士給曾繁城，也邀請張忠謀觀禮並致詞。張忠謀表示，當初台積電發展初期，若沒有曾繁城帶領團隊鞏固公司內部，他就無法在外放心發展市場，是台積電能有今日成就的重要功臣。他幽默的說，若要講起曾繁城的功績，花 1 個小時都說不完，但有兩個與曾繁城在台積電一起做的重大決定，後來對台積電發展影響深遠不得不提，第一就是在 1999 年 IBM 曾找台積電做技

術授權，最後張忠謀同意曾繁城的堅持，決定要自行開發技術；第二就是決定合併德碁與世大兩間晶圓代工廠，並由曾繁城統籌整個生產系統，打下台積電江山基底。

　　曾繁城致詞時指出，自己要感謝 1970、80 年代的政府，特別是當時幾位領導台灣半導體產業發展的重要推手，包含了孫運璿、潘文淵以及李國鼎等。1973 年為了讓台灣經濟轉型，孫運璿先生推動成立了工研院，也因此他才有機會參與潘文淵顧問規劃領頭的 RCA 計畫去美國受訓，開啓了他對於晶圓製造技術的認識。回憶與張忠謀攜手打下台積電江山的 30 年歲月，他說，台積電一路上面臨很多挑戰，包括爭取客戶、提升產品的品質等，當時他說服張忠謀讓台積電自製光罩，提升產品及服務品質，「但在當時要說服張忠謀並不是一件簡單的事」。他說，現在台積電光罩的技術，已經達到了國際水準，後來他也提議投資創意電子，發展設計服務，雖然現在都是寥寥幾個字帶過，但在當時非常辛苦。（資料來源：清華大學官網報導）

5.2 TSMC 與聯華電子

　　講到台灣的半導體工業，從 1974-1986 年總共 3 期的「電子工業研究發展計畫」，完全由政府主導，是極為成功的一項高科技政策發展計畫。當時，除了日本外，亞洲各個國家政府對這項新興產業一無所知，即使新加坡政府後來察覺它的潛力與重要性，政策上開始投入，都已經慢了台灣 20 年。這個半導體產業發展計畫，12 年的執行階段共投入了將近 45 億台幣經費，除了扶植出聯華電子、台積電（創廠的生產設備與人才都是這項計畫主導的電子所移轉支持）兩大企業以外，外人鮮知的是從上游到下游的半導體分工體系於焉形成，包括：

- 光罩——台灣光罩（後來再產生 2 家）
- IC 設計——太欣半導體、合德積體電路（後來由 2 家人才延伸出去有十數家設計公司）
- IDM ——聯華電子（後來由 UMC 延伸出去的設計公司將近十家）

台積電為什麼神？ ▲▲

- 晶圓代工——台積電（後來延伸 1 家晶圓廠 2 家設計公司）
- IC 封裝——12 家，外資 9 家、電子所扶植 3 家

　　2000 年以前「台灣半導體雙雄」——聯華電子、台積電兩家公司競爭的訊息是台灣媒體經常出現的新聞，其實分析起來，兩家有許多共同背景：

- 政府主導——都是國家預算支持的「電子工業研究發展計畫」執行的受益者。
- 創業團隊—— UMC 總經理曹興誠（後來升任董事長）、宣明智（後任總經理）、劉英達（廠長）都來自電子所，TSMC 張忠謀先任職工研院院長，都屬於工研院體系。
- 技術人才來源——第一階段的人才與技術，都是從工研院電子所移轉而來。
- 製程——兩家開廠營運都是 ASIC 技術，聯電初期直接由電子所協助建造全新的 4 吋晶圓 ASIC 廠，TSMC 則是從電子所現有的 6 吋晶圓廠移轉。
- 初期資金——由政府主導，廣義的官股（含黨營事業）占最大股。

　　聯電早台積電 7 年，於 1980 年成立，在曹興誠、宣明智優秀團隊領導帶動下，第 3 年起，即由於音樂 IC 的成功，裝配在玩具內部有歌曲回音等有趣功能，營收大幅成長，轉虧為

盈，1985 年營業額就達到 12.9 億元台幣，獲利 2.17 億，創下當年台灣民營企業獲利第一的紀錄，是政府主導的政策，第一家移轉營運成功的半導體公司。1995 年聯電決定從整合元件製造公司（IDM）轉型為晶圓代工專業公司，並且把 IC 設計部門獨立出來聯發科、聯詠等聯字的晶片設計公司就此誕生。

相對的，1987 年 2 月才正式成立的台積電，頭幾年慢慢成長，尤其 1990 年因投資新廠房設備折舊等，導致有 1.47 億元的營業虧損，還好，運用獎勵措施優惠相抵，帳面上不致虧損。然而，TSMC 從 1991 年開始，呈現倍數成長，尤其 1993 年毛利就逼近 50%（見下頁表）。

我們從這個財務表可看出，台積電營業額從第一年的幾億元，衝到一百億元花了 6 年的時間，從一百億到破一千億元花了 6.5 年，到二千億元只花了 3 年！

雙雄最具爆炸性的改變，拉大彼此差距，就在 2000 年那一年。首先，聯電與旗下的聯誠、聯瑞、聯嘉、合泰五家公司完成合併，公司規模大幅擴張，對台積電形成相當威脅，於是，張忠謀積極主導，那一年由 TSMC 購併了世大半導體及德碁半導體兩大公司。這樣的購併固然因為支出大筆費用，承繼了設備折舊等成本，使得次年的營運成本增長到 895 億元，造成當年的毛利率掉到不到 30% 的低水準；然而，次幾年隨著折舊及費用攤提逐漸減少，毛利回升，到 2004 年之後，回到 40% 以上。經此勁敵合併拉大近倍產能衝擊。

購併雖然帶來幾年的成本劇增陣痛，但是最重要的是營業總收入迅速從一年七百多億，成長一倍多來到 1,692 億。如同張忠謀所說的，把競爭對手（聯電）的差距拉大一截，自此之後，聯電營業額就跟台積電越拉越大，市占率也從原先幾個百分比，大到兩位數的差距。有不少專業人士批評，當年因為中華開發總經理胡定吾的競爭心理巧妙運用，加大了台積電購併世大半導體的成本，兩家的股價兌換，將世大高估了（世大 2 股換台積電 1 股）。這有點事後諸葛亮的說法，光從財報的表現來分析，Morris 這項決定還是睿智的，從此聯電的營收就瞠乎其後。

台積電關鍵的年度營收

年度	銷貨收入	毛利	毛利率
1991	44 億	13 億	29.5%
1992	65 億	19.8 億	30.4%
1993	123 億	57.1 億	46.4%
1994	193 億	104.9 億	54.3%
1999	740 億	322 億	43.5%
2000	1692 億	739 億	43.6%
2001	1285 億	336 億	26.7%
2002	1661 億	523 億	31.4%
2003	2072 億	748 億	36.1%
2004	2619 億	1158 億	44.2%

聯華電子

年度	合併收入	毛利	毛利率
1999	337 億	89 億	26.4%
2000	1156 億	585 億	50.6%
2001	698 億	88.3 億	12.6%
2002	754 億	125 億	16.6%

資料來源：參考台灣股市資訊網整理

5.3 台積電與英特爾的世紀之爭
——兼談與三星電子的競爭

筆者自 1982-1991 年科技記者任內採訪了不少世界高科技界的領導人，微軟的比爾·蓋茲與英特爾（Intel）執行長安迪·葛洛夫是其中兩位。由於台灣電腦產業推動代工的「Wintel」（微軟與英特爾兩家公司合稱）個人電腦相容架構十分成功，不僅讓台灣的個人電腦供應鏈產業成為全球重鎮，也相輔相成拉拔了英特爾微處理器與微軟作業系統成為全球個人電腦的標準，這也是比爾·蓋茲與安迪·葛洛夫會親自走訪台灣多次的原因。

從 1980 年代起，三十幾年的時間 Wintel 架構可謂橫掃全球個人電腦市場，不僅打敗了蘋果公司作為創始盟主的地位，讓後者在 PC 市場吃鱉 30 年，更讓兩家公司成為全球個人電腦的巨擘，比爾·蓋茲也多次雄踞世界首富的寶座。

張忠謀領導的 TSMC 與世界微處理器的巨人英特爾（Intel）的接觸，可謂淵源流長。

台積電 1987 年 2 月剛成立，移轉了工研院電子所 3 微米（請注意是「微」米喔）6 吋晶圓製程設備，雖然技術落後了英特爾整整 2.5 個世代，但是 1988 年葛洛夫來台訪問，被有私交的張忠謀邀請去參觀台積電工廠時，「他覺得我們製程良率不錯，英特爾也許可用你們」。張忠謀接受採訪時說（見 2011 年美西聖荷西水星報），清大教授洪世章《打造創新路徑》書中也透露，當時英特爾提了兩百個刁鑽的問題，台積電一項一項的解決，一年後通過了英特爾的認證，才得以代工該公司比較低階的微處理器與晶片組產品。所以在台積電剛成立營運的前 13 年，不但英特爾不是用正眼瞧它，連德儀（TI）、通用（GI）、RCA 這些大廠也不看在眼內。

　　首先，故事的改變從這裡開始。

　　1999 年 NVIDIA 發表了 GPU 繪圖晶片的創新產品，由於這款繪圖晶片傑出的設計與功能，配合線上電玩遊戲的興起，短短時間就創下營收倍數成長，開始賺錢。當時，NVIDIA 創辦人黃仁勳把這款創新晶片交給台積電生產的時候，成敗與否，彼此都未能預知，運用 0.13 微米技術對晶圓製造來講，是當時最新進步的製程技術，台積電承接 NVIDIA 訂單良率成功的消息震驚中外 IC 設計產業，NVIDIA 也因此成為後起新秀。

　　NVIDIA 委託 TSMC 專案高良率量產的表現，產生正面效應，連知名的客戶都來 TSMC 排隊搶產能，因此台積電與輝達兩家公司的合作一炮而紅，奠定了兩家公司分別在 IC 設計產

業與晶圓代工產業的市場地位。

2018 年時，台積電技術又一個大突破，領先半導體巨人英特爾率先成功量產 7 奈米製程，終結英特爾在晶圓製程技術領先 30 年的地位！緊接著，TSMC 進入營運、研發的良性循環，賺越多，投入技術研發、製程改善的資源越多，分別在 5 奈米、3 奈米繼續領先英特爾。

TSMC 總裁魏哲家在 2021 年 6 月公開演講中指出，5 奈米先進製程在 2020 年試產後，速度較 7 奈米提升 15%，功耗下降 30%，邏輯密度提高 80%，並於 2021 年正式在台南科學園區的 18 廠量產。這種技術將廣泛應用在手機、5G、AI、聯網裝置、HPC 等領域，未來還會擴展到自動化汽車的精密晶片部分。

TSMC 業務副總張曉強同樣在論壇公開一個驚人數據，即 7 奈米製程從 2017 年試產，截至 2020 年底已生產超過 10 億顆晶片；也就是說，因為英特爾跟三星電子在 7 奈米技術的落後，相對於台積電而言，兩家競爭廠商這 3 年市場營收損失非常巨大。

要知道，晶圓製造是一項資金、技術人力不斷累積成長的競賽，稍落後者越不容易跟上，想要跟進就要投入數倍的資金與時間，並且跟進者一定面臨數年內營收利潤大大減少，甚至虧損的威脅，只要這種結果發生，就很難向董事會、股東交代。導致這些上市公司的領導人遲疑而退卻，格羅方德、聯電兩家

晶圓代工公司就是這樣，分別退出了 20 奈米以下的精密製程競爭比賽。

Intel 與 TSMC 在生產上還有明顯的不同特性，前者幾十年生產的 CPU 晶片是因應其業務部門的客戶訂單需要，通常客戶最遲都要在 4-6 個月前發出訂單，即使末端產品（筆電、桌上型 PC 等）銷售不如預期，ODM 廠預定的 CPU 也不能退單，基本上，它是一種計畫性生產的模式。反之，台積電的晶圓代工模式生產計畫雖然也有一定的步驟與程序，但是，產能的調配彈性就大很多，可以依照客戶重要程度、夥伴關係、產品創新潛力、價格與毛利等各種因素，進行調整；也就是部分產能得配合客戶的急單、插單、取消部分訂單等變化，隨時應付重要客戶的緊急需求。就像高速公路，要專門讓出一條通道，讓這項訂單優先跑，對英特爾新任執行長季辛格，及生產研發的資深工程師與主管們而言，這是完全不一樣的生產文化，他們能適應嗎？

其實，從產業總體分析，面對台積電大聯盟，英特爾近年面臨四大挑戰：

挑戰一：個人電腦的 CPU 之戰

要知道 2020 以前，全球每年銷售三億台的個人電腦（筆

電、桌上型電腦、平板電腦）內部核心中央微處理器（CPU）在 TSMC 生產的比例不及 20%，原因是英特爾長久以來霸占這個市場，市占率超過七成以上，只有 2006 年一度被 AMD 趕上。可是隨之 Intel 新技術上來後又恢復領先。但近 3 年 AMD 採用台積電的 7 奈米技術，又發生驚人的變化，其個人電腦 CPU 市占率節節上升。

到了 2021 年元月，桌上型 CPU 市占率居然破 50%！大大超越了英特爾，靠的是什麼？就是與台積電大聯盟打贏英特爾這一戰！

其次，蘋果一系列的筆電、平板用的 CPU 大量借用台積電的先進製程能力生產，並計畫在近年內所有個人電腦產品都採用自家設計的微處理器。2020 年 12 月推出的 M1 微處理器已開始應用在筆電、桌上型三款個人電腦，這顆晶片的威力用在 MacBook Pro，一台賣 3 萬元的筆電上，居然運作效能比 9 萬元級採用英特爾 i9CPU 的蘋果筆電還好！它就是採用 TSMC5 奈米製程生產出來的成果，又是大聯盟另一威力展現。這個「蘋果 +Arm 架構 + 台積電最先進製程」三角鐵盟，打破了英特爾雄踞個人電腦多年的 X86 系列主流產品，就是台積電聯盟打贏英特爾的第二戰。

台灣兩大國際品牌之一的華碩、中國最大筆電廠聯想，他們自有品牌的筆電系列產品，近年改用 AMD 的 CPU，也是英特爾個人電腦 CPU 市場被蠶食鯨吞另一例。下一步，可能是英

特爾最大夢魘的是：用 Arm 架構設計的高性能通用微處理器，結合微軟、宏碁、華碩四大廠牌推出新一代、極高效率又省電的創新型筆電，挑戰風行個人電腦市場 30 年的「Inside Intel」系統。那麼，英特爾是否會從此一蹶不振，大家不妨拭目以待。

挑戰二：智慧手機 CPU 之戰

三大類微處理器個人電腦系列銷售量最大，但是近年後來居上的就是智慧手機，全球年銷量也有一、二億台的規模，配合 AI、5G 的滲透力，未來各款智慧手機將加入各種更先進更親和力的功能。

英特爾原本在手機 CPU 這個領域已觀望多年，面對這種高端技術製程，更加遙遙落後。反之台積電從 2012 年開始，就一路逐步發展更高階的製程技術：45 奈米、28 奈米、20 奈米、16 奈米、10 奈米、7 奈米、5 奈米。

2014 年配合蘋果 iPhone6 晶片微處理器所運用的 45 奈米技術，把蘋果這款智慧手機推到史上最熱賣的高峰，共賣出超過 2.2 億支！同時期，蘋果的手機競爭同業，看到 TSMC 高端的技術能力，也紛紛把它們的手機晶片，委託台積電開發製造，就奠定了 TSMC 在全球智慧手機的製造地位。雙方合作到最新的 iPhone12 超過 10 年，生產近 10 億支蘋果智慧手機 CPU 晶片，

光是 7 跟 5 奈米的技術已經讓英特爾落後 2 年。更不要講 3 奈米製程將在 2023 年量產，2 奈米製程也進入規劃階段。換句話說，任何品牌手機廠商只要搭配 TSMC 先進製程的這種聯盟，就可以打敗其他大廠技術下的 CPU 產品。

英特爾在手機、CPU 市場屢屢犯下錯誤，先是拒絕了蘋果賈伯斯的邀請，為該公司 iPhone 系列設計獨家的 CPU，後來的 CEO 歐德寧又出售了 XScale 手機處理器業務為台灣知名品牌華碩推出的 Atom 手機處理器，因 ASUS ZenFone 2 未能在智慧手機市場搶下足夠的占有率，也放棄了持續開發的動力。

這裡要順便一提的是，2012 年以前，TSMC 的營業利潤年平均成長 8%，但是 2012 年與蘋果合作，以及競爭廠商不斷加入台積大聯盟後，利潤年平均成長率升高到 15%；更可貴的是它掌握全球 39% 微晶片處理器的市占率，這是 10 年之前，台積高層想都沒想過的大改變。因為 Intel 高層在手機市場的一錯再錯，失去了攻占先機，尤其是第一大蘋果電腦的合盟，反而給了 TSMC 在移動市場（手機）絕大的發展空間，並將英特爾全球手機地位遠遠拋在後面。

挑戰三：伺服器領域的 CPU 之戰

自從 2010 年雲端服務（Cloud computing service）大為風

行以來，加上亞馬遜（Amazon）等超大入口網站為個人網路服務量身訂做的文字辨識技術突飛猛進，連帶各領域的入口網站Apple、Facebook、Google、yahoo、中國騰訊等，各家的檢索通信量年年倍增，使得企業、家庭放置一台功能及記憶容量強大的伺服器，作為訊息收發控制中心。這樣的概念在全球廣為流行，因此，智慧型伺服器的功能與需求量不斷增加。廣達集團創辦人林百里在 2010 年之前就看到這項發展潛力，及早大力投資伺服器技術，幾年下來，從筆電代工大廠搖身一變，成為世界最大伺服器製造商。伺服器本身裝置 CPU 作為控制指揮中心的觀念也成為標準配置。

超微（AMD）CEO 蘇姿丰 2021 年 6 月在國際電腦展（COMPUTEX SHOW）公開指出，將與台積電加速合作，推動 Chiplet、封裝技術創新，推出 3D Chiplet 架構，其 3D 封裝解決方案將超過以前產品的 15 倍。Zen3 架構將用在第 3 代 EPYC 伺服器產品系列，大大提升效能，這又是台積大聯盟另對英特爾的衝擊。

在此之外，伺服器專用的微處理器（CPU）蔚為流行，成為標準配備，亞馬遜既然領先成為全球最大的雲端服務供應商，它的伺服器使用量必然最為龐大；因此，2020 年初它就自行設計出伺服器微處理器，在「亞馬遜 +Arm 架構 + 台積電最先進製程」的合作模式，同樣的給英特爾在伺服器這個領域帶來甚大的威脅。

挑戰四：AI 領域的 CPU 之戰

　　猶記得 2000 年 NVIDIA 設計成功高端快速運作，可用於電玩遊戲世界的繪圖晶片，台積電從 0.13 微米的製程技術配合 NVIDIA 這顆晶片，成功達成良率量產，從三階進入二階技術地位。初期產能幾乎全都提供 NVIDIA 使用，讓輝達很快衝出巨量營收，坐穩電玩遊戲晶片市場寶座，台積電高端製程的營收比重也跟著水漲船高，一舉洗刷儘做低端產品的印象，被 IDM 大廠開始正視。2015 年起，NVIDIA 在 AI 繪圖晶片 GPU 方面的驚人研發表現，透過與台積電 7、5 奈米製程，讓 TSMC 製程技術躍上一階，成為全球晶圓製程領先者，再次創下高端晶片量產成就，也推高了 NVIDIA 的營收與獲利，使後者在 2021 年初市值達到歷史性的高峰四千多億美元！

　　採用人工智慧 AI 領域的 GPU，NVIDIA 已坐穩龍頭地位，有台積電製程技術撐腰，未來 3-5 年，英特爾在這個領域還難以追趕。其實把 AI 放到個人電腦、電競 PC、智慧手機或伺服器這幾個領域，這樣的應用正方興未艾。

　　以上這四大領域，看來英特爾都面臨大聯盟同樣力道的強大競爭，追根究底正是台積電在大聯盟居中的核心角色。從某個角度來看，晶圓系統廠（IDM）的營運模式，已不再適合技術不斷進步、市場發展多面貌、競爭對手眾多的現代態勢。各

半導體公司各司其職、各專所長，蘋果、輝達、聯發科，各在專精的晶片設計領域精進，製程就交給專精的台積電負責，不必持續去操心。龐大的資金投入產能、量產良率、投資經驗豐富的萬人技術團隊養成，這樣的大聯盟，將是未來 20 年打遍天下無敵手的強強組合模式。

分析明白後，大家的眼光不禁集中在英特爾身上，一個關鍵問題：它什麼時候退出晶圓製程的生產領域？全力衝刺個人電腦、伺服器、手機微處理器晶片設計？學習台積電，當一個「專業」研發設計廠商？

張忠謀對這個目標期待已久，但基於與英特爾幾位創辦人：摩爾、諾伊斯、葛洛夫的深厚交情，又不好明說。他曾表示：「從來沒有把 Intel 當作標竿，我（TSMC）是樹立自己的標竿」、「台積電其實不是跟英特爾直接競爭，而是跟英特爾的晶圓製造部門競爭，只是要他們把製造生意讓給我」。（見天下雜誌 717 期）。

2021 年 1-3 月英特爾 CPU 晶片委由 TSMC 製造，這樣的說法甚囂塵上，當總裁魏哲家在元月法說會提到，整年投資將調高到 280 億美元的龐大投資額時，市場分析師紛紛預期英特爾將它先進微處理器代工訂單下給台積電的時機成熟了，所以台積電趕緊要擴廠準備。可是英特爾上任不久的執行長季辛格在 2021 年 3 月卻又打臉，宣布要推出 IDM2.0 的策略，他表示，將投資 200 億美元於美國亞利桑那州的 Ocotillo 興建兩座先進

晶圓廠。這樣的宣示，馬上打了市場一個耳光，那麼，英特爾往下到底會怎麼走？

英特爾台灣人任最高職位的晶圓代工暨委外封測管理大中華區總監謝承儒，在回應外界對季辛格兩百億美元擴廠投資時特別澄清，外界過分解讀季辛格所謂「2023 年的產品大部分自家生產」這句話。他提到：難道外界認為英特爾會在短短兩年內外包大部分產品嗎？「大部分」，如果是指英特爾晶圓產量的 50% 以上時，謝承儒覺得台積電產能兩年內也吃不下去如此大的代工量（見天下雜誌 711 期）。

不要忘了，以 2021 年英特爾全體高階微處理器市場產能約七十幾萬晶片，大約是台積電全部產能 200 萬片的 1/3，TSMC 全年高階產能也差不多是這個規模；因此，2021 年當下，如果英特爾要將晶圓代工訂單全部釋出，TSMC 擴充 7 奈米 5 奈米乃至 3 奈米產能到目前兩三倍，才有能力完全吃下來，這要花上 2-3 年的時間，與劉德音、魏哲家兩位領導人的規劃不謀而合。當我們分析競爭態勢時，總會歸結四個字：「形勢逼人」。英特爾未來 3 年的情況似乎亦是如此，先不說，區區 200 億美元的投資跟台積電 2021-2023，3 年投資規模近一千億美元不成比例，更進一步比較，TSMC 已領先大幅距離的 5、3 奈米技術，以及龐大一、二萬的資深技術人才團隊支持，英特爾這兩者都是瞠乎其後。

還有一層原因：英特爾在個人電腦、手機、伺服器三大領

域微處理器都面臨要嘛品牌大廠自行研發微處理器的趨勢。如蘋果電腦、Google、Amazon，要嘛 AMD、安培運算兩大競爭對手，善用台積電領先 1.5 代製程技術，搶先推出比英特爾產品功能高出很多的新一代微處理器。一如 AMD 在 2019-2021 年搶先並攻下英特爾原有個人電腦 CPU 市場，造成市占率逆轉，AMD 該領域市占率首次破半的紀錄，這是以往兩家在 PC 領域微處理器競爭 30 年未有的現象！

這就是張忠謀說的：「台積電大聯盟（TSMC Grand Alliance）對抗傳統的晶圓整合製造廠（IDM）」。在這種態勢下，由於領軍的台積無論技術、產能、資金都比全球任何一家 IDM 大出許多，所以 IDM 一家一家都敗下陣來。2021 年的今天，環顧全球半導體競爭對手，已僅剩英特爾跟三星電子兩家。

無論從哪一點來看，英特爾繼續內耗下去，對它的市占率、營收都會帶來極不利的影響，必須選擇經營的焦點，專做微處理機（CPU）的專業設計者，這是它幾十年來最具競爭力的核心，及早作撤掉大規模晶圓製造廠的決定，頂多，就是留下一座作小規模量產試驗的實驗工廠。對台積電總裁魏哲家來說，3 年內做好 10 奈米以下製程擴大 50% 產能的準備，如此一旦英特爾高層決定棄守晶圓生產的部分，雙方可以很快的無隙縫接軌。到時候晶圓製造天下，只剩三星電子一家還在支撐作為 IDM 廠的角色。

我們來看看最近發展新態勢，英特爾執行長季辛格上任後針對 TSMC 頻出怪招，2021 年 7 月他作了兩件事，一方面要美國政府不要給外國廠商設在美國的晶圓製造工廠任何租稅優惠措施，另方面，又計畫花三百億美元自阿拉伯基金大股東手中，買下晶圓代工市占率第四大的格羅方德（格芯）。

　　要知道，台積電前往美國亞利桑那投資 5 奈米 12 吋晶圓廠，可是美國政府拜託邀請的行動，不是出自台積電的主動。季辛格這樣的建議，不僅打了美國政府一巴掌，那麼接下來三星在美國的龐大投資怎麼辦？所以，這樣的建議有點太天真。

　　另外，即使英特爾成功的收購格羅方德，後者在晶圓先進製程的投資早就在 3 年前豎起白旗，不再跟進了。它的技術與人才團隊已屬二軍，因此收購了二軍的現有規模，頂多就是在成熟的 20-28 奈米製程技術相拚而已。可是不要忘了，TSMC 在 20-28 奈米製程的設備早就折舊光了，生產成本低，是該公司這幾年毛利高的原因之一，並且，由於技術團隊多年製程經驗的豐富累積，把原來 28 奈米的設備改善到 20 奈米，甚至朝向 16 奈米的水準！這又是位居第 2-5 名的晶圓代工同業難望其背的地方。

　　所以儘管季辛格不斷出招，如同本章前文詳細比較分析，英特爾都無法撼動台積電的幾大競爭優勢，這些努力如果 6、7 年前痛下努力，也許還有用，如今一切都太遲了。

三星呢？它還是勁敵嗎？

　　三星電子集團在半導體產業的戰略布局，一開始就犯下了一個嚴重錯誤，它在晶圓製造產業上下游供應鏈、產銷、零組件與成品一把抓。既設計 IC（上游）又生產晶片（中游），然後又產銷自己品牌的手機（下游），系列智慧手機功能機型每每跟 iPhone 或大陸的華為、小米、OPPO 等國際大品牌對上。試問，作為競爭者的蘋果電腦作何感想？大陸掛品牌的廠家們做何感想？當然不放心將他們高階的手機、iWatch 或平版電腦所設計的晶片，交給三星的晶圓代工廠來製造。誰知道三星部門之間會不會相通？讓蘋果等品牌研發的獨門暗器功能，透過代工廠流到三星手機系統研發部門？

　　其實，這樣的現象早在 20 年前台灣電腦大廠宏碁、華碩都經歷過，當年宏碁、華碩一方面推出自己品牌的個人電腦，另方面又幫國際知名品牌 IBM、HP、Dell、日立、東芝等代工，設計生產這些國際品牌企業的電腦，形成與客戶既競爭又合作的現象，無法取得客戶的絕對信任，最後只好拆開分家。由緯創負責生產，宏碁電腦專業銷自己品牌產品，華碩集團也是一樣，華碩經營品牌、設計，製造則交給和碩。

　　筆者百思不解的是，過去有過這麼多具體事例，三星電子領導人怎麼還想不通，還搞集團上下游通包，讓客戶極不放

心？這種生產代工與自有品牌混在一起的情況，只有早日解決，三星電子才能專注而一勞永逸。

從這點來看，張忠謀自始至終堅持作專業晶圓代工角色，在戰略上，確實是個相當有遠見的判斷。並且，他在台積電內部樹立了堅如磐石密不透風，謹守客戶產品開發機密的制度，讓有數十個專案同時在該公司不同部門團隊研發生產的蘋果電腦十分放心。台積各廠彼此團隊都不知道對方在做什麼？因此，來自全世界各個先進國家的中大型科技企業、國防單位、航太部門的晶片都委由它開發、製造，這樣的內部管理設計，實在是一項前瞻又了不起的成就。

回想起來，從 2009 年起，張忠謀作了擴大投資決斷，3-5 年時間將第二、三名專業競爭廠商差距遠遠拉開後，它就進入營運狀態的良性循環，只要不斷保持上述三大優勢能力，基本上已經「打遍天下無敵手」了，過去 5 年是如此，未來 10 年也一樣。

但是三星在記憶晶片晶圓研發製造投下的決心不可忽視，2019 年 8 月該公司在紐約對外宣布它為智慧手機 Note Exynos 9825 開發的微處理器，號稱是「世界第一顆 7 奈米級 EUV 晶片」就是一例。雖然事後專家認為它只是 10 奈米等級製程的產品而已，但也不能小看三星的努力與實力。

2021 年第一季，三星集團在半導體事業的營收首度發生三年來利潤減少的現象，減幅達 16%！主要原因是負責 CPU 及

通信半導體的代工業務（晶圓代工）虧損所致。當然當年 2 月德州大風雪導致該集團在當地的晶圓代工廠停工是罪魁禍首。

由於全球 2021 年普遍性的缺料，荷蘭 ASML 公司 EUV 的生產也受到影響，預計 2 年內，出貨 100 部的計畫（其中 70% 被台積電訂購）會延遲，預計 2022 年最大產量也只有 50 部。更早前，三星會長李在榕為此還特地飛到荷蘭，跟艾司摩爾高層催貨要設備。可惜，EUV 也是計畫性生產，因台積電近兩年生意大好，早已跟 ASML 下了大訂單。依照遊戲規則，大部分的 EUV 還得交到台積電手裡，屆時，不是對三星的衝擊而已，勁敵英特爾因設備不足產能落後，2022 及 2023 這兩年訂單將不得不委託 TSMC 代工，這是另一個對 TSMC 的有利因素。

至於三星電子會不會最後也把晶圓製造的工作拱手讓給台積電？看來機會不大，畢竟，它集團有隻金雞母全球市占率超過 42% 的記憶晶片（DRAM）事業部，主導全球 DRAM 市場地位，利潤豐厚，並且隨著手機、伺服器、智慧機器人、無人駕駛汽車等各領域的發展潛力，記憶 IC 的市場規模未來仍大有可為。如果它在製程技術、人才方面的投資持續不斷，那麼短期內記憶 IC 市場這一塊，它在市場占有率與技術仍是老大。只不過觀察 DRAM 市場過去 30 年來的發展，因為競爭廠商美中日台都有，是個寡占競爭的局面，因此每隔 3、5 年就會因缺貨廠商爭相擴廠，隨即供過於求價格大跌，又損失慘重。德碁半導體創辦人施振榮，就舉德碁創辦的 1989 年為例，

1984、1988 年兩次都發生缺貨現象，1993-1994 年讓德碁賺了很多錢。可是 1998-1999 年德碁半導體短短時間內，就虧損了50 億元，董事長施振榮跳下來親自止血，尋求各種方案，其中之一是與 IBM 合作。移轉晶圓代工技術與設備，因不得要領，施振榮於是邀請張忠謀入股德碁 30%，幫助它轉型。後來，一次偶然的機會，施振榮與張忠謀共同參加香港「亞洲企業領袖會議」，兩人在早餐時談到德碁轉型代工種種的問題，Morris表示有興趣談購併，後由財務長張孝威代表台積電與宏碁集團的黃少華、彭錦彬進行協商，最終談成由台積電購併，宏碁及時退出這個市場（參考中研院「施振榮先生口述歷史紀錄第 2章」），後來施董算一算，連同賣掉德碁換到的台積電股權價值，德碁這個事業體總投資與總收入比較，並無虧損。

　　隨後，2008 年那一波 DRAM 的大降價，國內的力晶、南亞科面臨供過於求的局面，損失更大，動輒數百億元台幣的虧損，更是令業界、貸款銀行、股東們聞 DRAM 就臉色大變。

　　今天，全球記憶 IC 市場，成了不到 5 家寡占的局面，本來只剩幾家的寡占市場，透過巧妙的協商，比較容易控制市場報價機制；然而，由於 8、9 年前三星在光電面板市場，扮演抓耙子的角色，在台日韓幾家協議價格默契中，主動跑去向美國司法部告密，掀開價格協議內幕，使得他從此在競爭同業中失去信任，沒有人敢與這個抓耙子有任何私下的協商或接觸，也因此全球 DRAM 市場未來註定是起起伏伏賺多也賠多的狀

態。

　既然如此，三星啊，三星，在半導體產業的布局方面，下一步將何去何從？筆者認為，三星晶圓製造事業還是會因為集團部門在 DRAM 技術、製程領域繼續投下巨資研發而受益，維持製程在 5 奈米、3 奈米、2 奈米，緊跟著台積電跑。但是三星的晶圓代工技術團隊因為承接專案有限，與台積電團隊勤練十八般武藝的能力比較，相對不精，專注投入的資金也不夠大，會追得很辛苦。就像過去 5、6 年在 20 奈米、7 奈米技術始終落後 TSMC1.5-2 世代一樣，最終靠 DRAM 部門的利潤養活它，萬一 DRAM 市場價格大跌，那麼三星的晶圓代工事業，將會面臨是否專攻次階市場，或停止再投入大額資金的困難抉擇。

　走筆至此，看到韓國財經媒體 BusinessKorea2021 年 6 月 22 日的報導指出，三星電子想要在晶圓代工系統市場，奪下龍頭寶座，將先面臨必須解決：投資、關鍵技術與客戶信任等三大難題。它分析 2021 第一季三星在晶圓製造的市占率不升反降 1%，而為 17%；反觀台積電，升了 1% 市占率到 55%，原因是這三大競爭關鍵因素三星都落後。該報導進一步指出，投資方面，近年台積電投入金額是三星的三倍；技術方面，5 奈米製程台積電 2020 年已量產，3 奈米 2022 年開始量產，2 奈米並已在規劃中。三星 5 奈米雖然預計 2021 下半年量產，但因良率太低，不能視為量產成功，因此向三星定購 5 奈米製程

的客戶遠低於台積電。在取得客戶信任方面，三星晶圓代工業務有個基本弱點，即三星自己有部門負責智慧手機開發、設計與銷售，客戶擔心機密資料外洩是很自然的事，跟我在前段的分析不謀而合。

反過來，我們來檢視晶圓代工領域，台積電只要專注客戶的需求繼續努力，技術保持領先，資金持續投入，產能備足又有彈性。那麼，配合全球電動汽車、智慧機器人、物聯網（IOT）、工作、生活自動化、人工智慧 & 大數據應用的幾大應用趨勢，獲得全球客戶的信任、合作，彼此創造雙贏的局面，TSMC 還會有二、三十年高成長的好光景。

5.4 TSMC 與 NVIDIA

　　近年，華人在世界半導體產業居關鍵地位與影響力的第一名，張忠謀當然是不二人選，那麼第二人會是誰呢？一般說來，最具代表性的是建立於美國加州矽谷 Santa Clara 市的 IC 設計專業公司 NVIDIA（輝達）共同創辦人，目前是該公司董事長兼執行長的黃仁勳。他們兩個人多年來在各自專業領域的大開大闔，將兩家公司市值推到（2021 年 2 月的紀錄）分別超過五千億美元與四千億美元的空前水準，折合台幣就是 15 兆與 12 兆的天文數字，非常了不起的成就。但是想當初兩人分別草創公司時，何嘗會預料到有今天如此碩大的市值規模，眞正是人生難料啊！

　　他們兩個人有多項共同的背景，第一，他們有中文底子，也受過中華文化的薰陶。第二，他們先後都到美國留學，畢業自名校，英文聽說讀寫也都非常流利。第三，他們先後被台灣的交通大學（2021 起因與陽明大學合併改名爲陽明交大）頒發

　　　　　　　　　　　　　　　台積電爲什麼神？ ▲

榮譽博士，所以彼此算是榮譽校友。

　　除了兩位公司創辦人有這些共同特質外，講起來台積電與輝達之所以被半導體產業刮目相看，就要回到 1998 年，那關鍵的一年。1998 年 NVIDIA 發表了 GPU 繪圖晶片的創新產品，由於這款繪圖晶片有許多傑出的設計與功能，配合線上電玩遊戲的興起，短短一年多的時間就創下營收倍數成長，開始賺錢的紀錄，震驚美國 IC 設計產業，成為後起新秀。當時，黃仁勳把這款創新晶片交給台積電生產的時候，成敗未知。運用 0.35 微米技術對當時來講，是最新進步的製程技術，台積電承接 NVIDIA 訂單的同時，製程已排入量產階段，引發知名客戶都來排隊搶產能，因此台積電因應輝達初期訂單與否，能否達成良率目標，關乎著兩家公司未來市場地位的演變。

　　因為 GPU 晶片不同於當時電腦或周邊產品元件的晶片，它是整個繪圖系統功能的核心，其難度比起台積電先前十幾年代工的邏輯晶片布局、精密度相對困難幾倍。台積電也因為把 NVIDIA 這款規格晶片良率做出來了，讓 IBM、英特爾、德州儀器等半導體大老們刮目相看！從此它在晶圓代工技術又步入一個新世代，而黃仁勳也因為台積電調動大團隊不分晝夜把這項核心產品做成功，並且撥出很大的產能空間為它生產，讓 NVIDIA 從此在繪圖晶片領域建立了一片新天地。

　　2015 年 NVIDIA 發表了一款運用人工智慧（AI）設計的新一代繪圖晶片，更是撼動了全球半導體產業。顯示 NVIDIA

不只是在繪圖領域領先，新一代的晶片還可應用在電動汽車、無人駕駛自車化汽車，以及許多可以想像的智慧手機、自動化工廠等領域，又把該公司拉到一個銜接 21 世紀虛擬、無人化、智慧化、自動化的更高境界。

其實 NVIDIA 在草創初期也度過慘澹歲月，曾在 1997-2003 年擔任台積電財務長的張孝威在他的人生回憶錄（《縱有風雨更有晴》天下文化出版）中有段敘述，講到他有次以台積電財務長身分到美國矽谷訪問輝達，本來是去討債的，因為出發前他從公司財務資料中看到有家公司欠了台積電幾百萬美元的應收帳款，公司業務部門覺得這家公司未來發展有很大的潛力，於是幫該公司繼續提供代工服務。他覺得從財務的觀點應該審慎評估，因此趁到美國公務時特地去矽谷參訪這間公司。他描寫與黃仁勳會晤時，對輝達延遲付款提出說明：「即便延長付款期限，我們（公司）恐須設定一個信用總額的上限。」黃仁勳回答：「請你們不要這樣對待我們，因為我們將來會是你們最大的客戶。」

張孝威提到，對方那樣的回答讓他留下很深的印象，「才三十幾歲充滿豪氣話，這人就是黃仁勳。」當場對黃仁勳表示會再提出新的解決方案。形勢的發展果然應了黃的豪氣預言，隨著全世界電玩遊戲的快速成長，NVIDIA 的繪圖晶片跟著水漲船高，成了一支獨秀，造就 NVIDIA 草創初期的驚豔成就，讓台積電上下負責主管與同仁刮目相看。一路發展到 2020 年

居然成為台積電前五大客戶，自己也成為全球半導體產業看好的巨星，市值位居產業的 Top3。

根據黃仁勳從 2020 年對外的宣示了解，該公司已不再是專業繪圖晶片廠商而已，從 2015 年發展 AI 晶片至今已發表了多款手機與電腦 GPU、CPU 微處理晶片。2021 年 4 月 NVIDIA 並定位自己為「提供 AI 運算平台」的專業供應商。在汽車自動化領域，黃仁勳指出，車用供應鏈採用太多元晶片，每部車的架構用到成千上百顆小晶片，整合進一部車裡面，其中需要一些電子控制元件（ECU），類似一台小電腦。汽車產業的挑戰就是多數晶片都很小，整條供應鏈卻很複雜的，即使備足了很多晶片，但是只要缺其中一顆，汽車就無法生產。

所以黃仁勳認為 NVIDIA 未來的方向很清楚，該公司的 ORIN 平台就是嚐試去整合其中至少 4 顆 ECU 晶片，導入軟體定義運算及 AI 技術，協助客戶更換並導入新的晶片，無論是 CPU 或 GPU，在搭配 AI 平台下汽車運算能力將更大。

這就說明了 1+1 大於 2 的合作力量，只要 NVIDIA 在汽車、手機、電腦的 GPU、整合晶片爆發更大的力量，那麼以兩家多年來的合作關係，以及張、黃兩人的各種淵源，台積電、NVIDIA 未來在自動化汽車產業極其精密複雜的整合晶片場域，都會有相當大的發展潛力。估計到 2025 年汽車產業高端晶片市場，將為台積電創造至少 3、5 千億的營收，2035 年將成為它最大營收的項目，逾 1 兆的營收量是可預期的目標。「魚

幫水，水幫魚」難怪兩家公司 2021 年在股票市場被全球眾多投資法人與股民不斷肯定，市值分別飆到超過五千億美元。2017 年交大頒發榮譽博士給黃仁勳時，也邀請張忠謀（他早幾年也榮獲交大榮譽博士學位）觀禮，兩個人互相調侃，張忠謀說：我到美國出差打電話到 NVIDIA，說找執行長，黃仁勳接到電話，因為辦公室很吵，黃就對著辦公室的同仁說；安靜！電話那邊是 TSMC 的 Morris 耶。當黃仁勳上台領獎致辭時，也調侃 Morris 說：他為什麼要用打電話？他不知道有 EM（電子信箱）嗎？台下觀禮的人士哈哈大笑，覺得這兩位半導體業的大老真有趣。

從 NVIDIA 2015 年起把 AI 結合大數據晶片應用於：電動汽車、智慧機器人、精密辨識晶片等各大領域，結合台積電 5 奈米、3 奈米製程技術搶先上市的速度來看，NVIDIA 未來 10-15 年在這幾個大領域 AI 晶片的爆發力，在台積電合作客戶名單裡面，肯定排名於前，有很大比重的先進技術產能讓它搶先應用。說不定，未來 3 年的某一天它的市值會超越台積電，成為 TSMC 數一數二的超級大客戶。

這裡有個有趣的記載：2006 年 10 月 24 日台積電難得的為一家客戶發布新聞，新聞的主題是：「NVIDIA 與 TSMC 雙方共同締造突破出貨五億顆繪圖處理器里程碑」。兩家公司以合作 8 年的時間，NVIDIA 委託台積總共生產製造五億顆繪圖處理器與媒體及通訊（MCP）的晶片，它相當於 260 萬片八吋晶

圓之出貨量，其中包括 GeForce GPU 及 nForce 媒體級通訊處理器（MCP）的晶片，這一年，台積電的製程技術已來到了 65 奈米。

NVIDIA 創辦人、總裁暨執行長黃仁勳表示：「NVIDIA 創立之初，我們的願景是希望透過最先進的繪圖處理晶片，帶給消費者全新的運算體驗，台積公司在我們實現這個願景的過程中，扮演了一個相當重要的角色，台積公司提供最先進的製程技術，最及時與最貼近客戶需求的服務，因此 NVIDIA 能夠專注在我們的競爭優勢上，也就開發最先進的技術以及拓展市場」。黃仁勳進一步感性的表示：「10 年前當我第一次和台積公司張忠謀董事長開會時，張董事長告訴我台積公司是一個重視誠信正直及專注客戶服務的公司，台積公司的同仁願意為客戶赴湯蹈火，完成使命。一路走來，張董事長的話絲毫不差，完全實現了」。這樣的感言宛如兩個江湖好漢惺惺相惜的表白，事實上，黃仁勳這段話也為張忠謀苦心塑造台積電企業文化作了最實在的肯定，讓大家知道台積企業文化（參見本書 4.2）不是繡拳花腿，而是真槍實彈的運作。

無疑的，黃仁勳這種大器、前瞻眼光與成就，也將是繼張忠謀之後全球高科技領域倍受看重矚目的華裔巨星。

5.5 高科技大老談張忠謀與台積電

台積電董事會怎麼運作的？

宏碁集團創辦人施振榮，是國內產官學研各界公認的傑出領導人，也是高科技產業的代言人，天下雜誌自 90 年代起，每年會邀產官學代表，共同票選全台最受推崇的企業人物，他都高居前三名。甚至於，2000 年前後幾年，因為宏碁品牌 Acer 揚名國際、個人電腦居世界市占率前二名，施振榮因而當選第一名多次。張忠謀則是在進入 21 世紀後，台積電崛起的傑出績效表現，開始為國內外所周知。因為這樣的背景，在英雄識英雄的前提下，從 2000 年起，張忠謀邀請施振榮成為台積電獨立董事（2008 年以前稱外部董事），並且一再連任，總共當了 21 年的獨董，直到 2021 年 7 月才畫下休止符，正式卸下獨董的工作，創下國內百大企業非大股東擔任獨立董事最長時間的紀錄。

筆者也擔任過上櫃公司獨董，主管機關金管會鼓勵獨董以兩任（一任 3 年）為原則，張忠謀這麼十分尊重制度的領導者，為什麼讓一個人擔任獨董這麼久？筆者以為，這要從施董本人的風格魅力談起。

　　要知道，能成為全台灣產官學票選第一名的企業家，除了本身領導的企業深具規模且富國際知名度外，個人的操守、視野、胸襟，也都是衡量的重要條件，這一點，無疑的 Stan（施董的英文名字）跟 Morris 旗鼓相當。

　　但對張忠謀來說，台積電是本土化的國際大公司，西方的那套做生意或管理制度，他很清楚，可是屬於台灣的這一大塊，包括：對內，人才的薪資福利、股票分紅、內控與財務制度、領導的傳承等；對外，海外廠的 IP 保護、政府政策的互動等等。如果有一位對國內科技產業、環境、政策有多年經驗的高階領導人，能從董事會的角度給予協助指導的話，那將會相當切合需要。Stan 領導宏碁多年，並擔任電腦公會理事長兩任的經驗，恰恰好是符合上述條件，擔任 TSMC 獨立董事最佳的角色人選。

　　為了讓讀者諸君了解台積電董事會的運作，獨立董事發揮的功能，筆者特別安排專訪施振榮董事長本人，暢談他擔任台積電獨立董事 21 年的經過。以下為專訪內容。

一．請施先生先談談您跟張忠謀先生認識的始末？

　　施董：跟 Morris 認識，大約是他回到台灣擔任工研院院長的時候，因宏碁有許多研究專案跟工研院合作，或一些大規模的科技會議會碰到他，他是前輩，回台前就大大有名，我很敬佩他，因為我在電腦產業多年，也經歷過許多經營方面的經驗，都願意跟他分享，他也很器重我。後來 Morris 還邀請我擔任工研院的董事，從此，就跟身兼該院董事長張忠謀有更多的互動。

　　1989 年我發表一篇文章談科技島的經營概念，建議工研院應該將他研發的許多技術，移轉給國外，本著技術交流交朋友的理念，不要讓研發的好技術空在那裡。技術移轉的對象如果長期合作愉快，不但不會變成競爭者，還是好夥伴，我就舉宏碁集團與 TI、IBM 在日本的工廠合作，後來友達移轉來自日本 DTI（IBM 與東芝合資公司）面板的技術，德碁移轉日本 TI 的 DRAM 製程技術，都是很成功的例子。技術要趁獨特、別人沒有時換成錢，才是好的技術，等到別人也有這樣的技術就不值錢了。像這些問題就在工研院董事會討論時，提出我的想法，雖然有些官股董事代表並不認同這樣的建議，但是張院長來自德儀（TI）國際大公司，當然會注意到我的想法。

　　我還記得 Morris 當院長時，有兩個很重要的經營策略改變，首先，研究方向要改變，他要各研究單位，做領先產業界 3-5 年的前瞻性研究，不要跟業界競爭現階段的技術研究；另

一個改變是，工研院的收入不應該大部分倚賴政府預算，至少其中的一半，要來自產業界委託研究的收入。有一陣子，工研院追求短期的效益，例如，90 年代初期工研院有個筆電專案要宏碁與幾家貿易公司合作開發案，貿易公司並沒有研發能力與品牌，這個合作案如果宏碁參加，就等於為貿易公司推廣產品背書，這種只求短期表現的專案，我就因為不認同而沒參加，所以當 Morris 作這兩點大改變時，我很認同。

記得台積電成立沒多久的時候，Morris 找了一位曾經在德儀當過人資主管的華人擔任人資長。有關組織、人事、台灣的企業文化等問題，Morris 知道我有很深的了解，他就要這位人資長跟我請教有關台灣科技業員工的薪酬等問題。我就把我們在宏碁多年的經驗，像員工入股、分紅等問題，跟他分享，後來他們開始採取員工分紅入股的機制辦法。

二 . 請您談談進入台積電董事會擔任獨立董事 21 年的歷程？

施董：這裡我要說的是台積電的創立與形成，是個典範轉移。晶圓代工模式是台積電在 1987 年啟動的，本來它的技術當時是三流，後來進步到二流，現在則是一流晶圓代工技術的領頭羊。

個人電腦的代工服務則是宏碁在 1983 年底開始，在這之前，PC 產業也沒有代工的做法，宏碁先接 NCR 子公司 ADDS 以 ODM 形式代工的訂單，另外再成立明碁，幫 ITT 代工，也等同創造了個人電腦產業的另一種範例。

董事會的組成

台積電董事會運作，可以說是國內最獨立、透明、公正的一家企業，獨立董事占全體董事的比例最高（占九席中的五席），另外四席董事分別是台積電董事長劉德音、總裁魏哲家、董事曾繁城、國發會代表龔明鑫。

能被張忠謀邀請擔任台積電獨董，每一位的才能與特殊性，必然是董事長 Morris 很了解熟悉的人，獨立董事們提出意見或建議，基本上我們不干涉公司的策略方向與經營，Morris 也明白告知獨立董事謹守分際，不干預團隊的經營。開始的時候不叫獨立董事，因為那時候證管會（後來改稱金管會）都稱外部董事。有很多年，台積電的獨立董事除了我以外，都是老外（後來幾年才加入了陳國慈跟海英俊），我比較了解台灣科技公司的經營環境，包括薪酬、股票等的實務運作經驗，因此，Morris 就邀請我兼任薪酬委員會的主席多年。

2000 年的時候，張董事長能看上我邀請我，我當然很高

興，也藉著這個機會去學習，就答應參與，幾年後，有次機會美商應材（Applied Material）也邀請我當獨立董事，經過 Morris 的同意，我也去兼任，去了解學習美國上市公司董事會的做法，包括：審計委員會、薪酬委員會等的實際運作。

我擔任獨立董事的 21 年，獨董大部分都是來自國外知名的產業、學界精英，但多數任期都不長，其中包括了：英國電信董事長彼得・邦菲（Peter Leahy BonField）、管理大師麥克・波特教授、MIT 的梭羅教授、TI 前 Chairman 兼 CEO 安吉伯思（Thomas J.Engibous）、HP 前董事長菲奧莉、飛利浦前 CFO 羅貝茲（董事會聘為顧問）、中研院院士 MIT 周教授、美商應才前 CEO 麥克・史賓林、賽靈思前執行長摩西・蓋佛瑞洛夫等人。

筆者按：台積電現任（2021-2024 年）獨立董事包括比德・邦菲（前英國電信執行長）、美國麻省理工學院校長拉斐爾・萊夫、陳國慈（前國藝會董事長）、麥克・史賓林特（前美商應材董事長）、摩西・蓋弗瑞洛夫（賽靈思前總裁）、海英俊（台達電董事長）共六位。

董事會的運作與事例

每一位董事都是獨立的個體，台積電召開董事會時，獨立

董事對公司的意見，都會直接提出來，即使與公司的經營或策略方向有些差異，董事們都還是直言不諱。我記得那幾年談得最多的一個題目，就是董事長、執行長的傳承問題，我自己也好幾次在會議裡提醒 Morris 趕快安排傳承的機制與人選。

如果獨立董事對經營團隊提出的提案有較多的意見時，Morris 的做法會直接撤案，不再討論，等內部取得比較具體或可行的成熟想法時，再提到董事會來，他非常重視獨立董事的意見，而在董事會聆聽尊重董事們的意見，也是 Morris 很重視的原則。

執行過程中，有一些個案，公司主管會提到審計委員會或薪酬委員會來，譬如內控，最多的討論就是資訊安全、營業祕密，如何保護公司的智財權為主要，一旦有員工把公司營業祕密資料帶出去，那麼獨董都會支持立即處理，該送檢調單位就立刻送，該開除就馬上開除。譬如性騷擾的事件，公司會組成專案去調查，判斷是否構成法律性騷擾的條件，有的話，也要馬上處理。另外在報告中，申訴最多的事項就是考績，委員們也希望透過審計委員會的討論，協助台積電建立一個更公平的環境組織制度。

本來公司的組織運作每個人見仁見智，爭執的雙方之間，會有不同的看法，雖然複雜也必須處理，好在獨董本身在各自國家、機構、企業都有豐富的工作經驗，都可以解決。

有關資安這一塊我曾介紹安碁根據其運作經驗發展的 SOC

（Secrity Operation Center）整個移轉系統給 TSMC，這個系統功能之一，就是員工在上班時需要閱讀、download、或 copy 機密資料，整個過程行為都會被記錄下來。另外，譬如：海外廠資料不落地的策略、跨境資產管理保護 IP（Intelligence of Property），都是台積電非常重視的。

筆者按：因為幾位台積電資深員工離職加入中芯半導體，帶走公司技術資料，被台積電分別在中國、美國、台灣提出告訴，中國雖然會傾向於保護他們的企業，但是如果提告訴的一方，資料證據很具體，他們的法院也不能完全不理的。

重大投資案獨董的角色

施董：我印象中 2009 年台積電決定擴大投資案，那時董事會並沒有很大的反對意見，只是建議 Morris 要小心，因為它是一個重大投資案，董事會提醒投資案的風險評估（Downside Risk）。要做，當然董事會中會作廣泛的討論，最後，大家也都獲得共識，一致同意全部支持 Morris 這項決定。

這也是 TSMC 董事會運作的一個重要原則，台積電的重大投資案、制度改革或重要人事案，都會提到董事會聽取意見。Morris 要求作為獨董的職責，就是以個人的經驗盡量提出看法，在董事會中充分討論；當董事會通過後，執行的責任完全

由經營團隊承擔。這麼多年來，每次議案表決的過程、討論，都非常透明、公正。

獨立董事協助推動制度化

台積電內部的制度化、領導的傳承問題、薪酬制度的平衡及運作，算是我 21 年獨董任內著力最多的三個領域。對於審計委員會的功能，Morris 十分放心的由獨董們來獨立運作。譬如內控、稽核、財務監督、員工申訴管道、資訊安全等等，讓審計委員會替公司健全運作把關，只要根據公司各部門提出的報告或提案，審計委員會討論後提出建議。Morris 一定要求公司各部門要具體改善。坦白說，一家超大型的國際公司要管理好，本來就是很不容易的事，透過獨立董事針對內部稽核、內部控制的種種制度、做法來設計監督，經營團隊都非常尊重，讓獨立董事可以充分發揮。

這麼大的公司要做到制度的完善，更是困難；可是在Morris 領導下的台積電，有心並具體往這方向做。最關鍵的是，董事會、公司內部都沒有派系，大家都就事論事朝著追求完善的前提認真去改善、去執行。一點一滴多年累積下來，許多制度就很完備，每一級的主管與同仁都以追求完善、效率，來看待每一項制度設計，自然公司的運作就會實事求是，呈現專業

而高效率，就會有可行、務實而完備的制度產生。

　　作為一個領導人，在做重大決策之前，要廣為蒐集各種風險與關鍵因素，並對風險的發生有因應的對策，在這種前提下，就應勇往直前，朝預定目標堅持認真去貫徹，Morris 就是這樣的一個領導人。在領導風格方面，我必須承認，我們兩人完全不一樣。在追求公司的制度化、人才的培育、企業文化誠信原則等的塑造，他是非常重視的。我們兩人共同的理念是：企業不能隨著一個創辦人或領導者的離開，制度精神、企業文化就有所改變，需要一貫的價值理念。如果以我多年來對中外企業公司治理的觀察比較，台積電整個公司治理制度做得比國際多數跨國企業優秀多了。

大平衡的薪酬制度

　　我擔任薪酬委員會主席時有個大改革，2006 年左右吧，台積電面臨來自外資的龐大壓力及政府的規定，要求股票分紅費用化，以及所得分紅及認股得到的股票課稅基準，採用當年市值而非原始票面值（10 元）來課稅。這兩件事影響員工的權益很大，一開始按配股實值收入先減半，我記得那時候，決定用現金來取代股票分紅，並且用「績效獎金」來稱呼，採用稅後純益的 15% 發給員工，這都是薪酬委員會提議，送到股東大會

做決議。

後來，每一季都發放績效獎金，其中的 50% 以現金次月發放，另外的 50% 金額，必須次年股東大會通過後，再發放。這樣的做法有兩個意義，一個是留才，因為你的績效獎金要到次年年中才發放，所以這期間員工比較不會因離職，而放棄這個權益；另一個是對股東大會得尊重，對財務報表處理的尊重。

分紅配股這個制度是聯電開始實施的，而員工認股（按原始股值認購）則是宏碁開始推動的。那些年，在台積電內部，員工每年有兩個管道拿到股票，一個是當年盈餘的 8.5% 拿來增資，再用這些增資股票發給員工，另一個是認股制，根據員工年資與職位決定認股數目，並以每股 10 元的原始股值來認股。

當然，相對於行之有年的股票分紅制度，員工權益明顯縮水減掉一半，我們獨立董事們也提議：所有獨立董事的薪酬也減半。這裡要特別提的是，台積電獨立董事的薪酬雖然固定，但是海外聘請的獨董薪酬會比國內獨董領得多，為什麼？因為他們每次來參加董事會、股東大會或個別的薪酬委員會、審計委員會，所花的時間比我們這些國內獨董多很多（飛航時間及時差調整等），因此獨董薪酬會略不同。這不會違背金管會的規定，只要明明白白寫在財務報表費用項目內，這是合理合法的。

前述對分紅配股多年制度的改變，可以說是一個追求大平

衡的股票薪酬政策。跟美國一樣，由政府帶頭的一個大改革。為什麼叫大平衡呢？因為除了追求股東權益與員工權益的平衡，還有內部員工與員工之間的平衡、外部產業與產業之間的平衡，以及企業與企業之間，也要求取平衡。所以，這是一個大平衡的政策。

傳承與接班

台積電最高領導的傳承，一直是董事會獨董們最關心、也是最常提到董事會討論的焦點。2006 年本來已完成交班，由蔡力行接任執行長，但是發生一些事件，2009 年 Morris 又回來兼任 CEO，等若干時間後，因為這項問題牽涉到公司的永續經營關鍵，我們基於職責會在董事會繼續提出傳承的議題，這在一般民營大企業董事長是創辦人，即使做到 8、90 歲，董事會也沒人敢提（筆者按：台塑集團董事長王永慶做到 94 歲，夢中過世，才重選董事長）。Morris 經過長考及分析後，決定雙首長制度，提案到董事會，經過董事會通過，決定了雙首長制，即董事長是劉德音，執行長兼總裁是魏哲家，並且，特別的是，兩個人的薪資（薪水＋紅利＋獎金）完全一樣。

三 . 德碁半導體公司當年怎麼會被台積電購併？

施董：講到德碁，在還沒從 TI 日本工廠移轉技術成立德碁半導體公司之前，還有件事，就是三星的大老闆前董事長李健熙，邀請我跟史欽泰、張忠謀三個人，去韓國參觀三星電子的現代化工廠。他的目的是要證明三星電子已走在很前面，投入規模很大技術又先進，嚇阻我們，讓我覺得不值得再投入DRAM。但我的想法是以我們在個人電腦產業的規模，每年需要的記憶體量很大，台灣應該擁有自己 DRAM 的製造能力，我沒有退讓，就在 1989 年與德州儀器合資，決定成立德碁，Morris 還專程飛美陪我到德儀總公司去協商兩公司產品轉移的最合適價格。當時德儀在日本赤城縣美浦（Miho）有一座工廠，我們派了幾百人去學習技術轉移，1990 年德碁工廠正式運轉的時候，是國內當時半導體公司最先進的晶圓製程，做到品質最好、產能最大的水準，因此 1993-1994 年賺了很多錢。

然而，半導體的製程技術，要不斷的投入龐大資金人才去研發，可是德儀（TI）的研發部設在德州達拉斯，最先進的工廠卻在台灣，技術就慢慢落後，而逐漸失去競爭力，TI 決定放棄記憶體事業，宏碁就承接德儀手中握有的德碁股份，之後一方面利用現有的記憶體設計繼續生產記憶體外，另一方面則轉型發展晶圓代工的業務，以保持設備的稼動率，同時找 IBM 取得技術授權，讓德碁成為純晶圓代工、IDM 廠以外的第三

種營運模式——會員制（Club Member）晶圓代工廠。策略上尋找宏碁會使用他們產品置入個人電腦的半導體公司，像美國IDT、NS（國家半導體）幫他們代工，後來發展並不順利。之後就邀請台積電入股德碁，並協助德碁轉型。

過程中，德碁一年曾虧掉50億台幣，這是天大地大的一件事，我每個月都要去德碁坐鎮開會，後來台積電因晶圓代工訂單需求強，產能不足，又受到聯電五合一公司大合併案的影響，台積電決定以併購策略擴充產能，先併德碁再併世大，拋開聯電的競爭。

筆者按：國內幾家投入DRAM產業的公司力晶、南亞科、華邦，後來都虧了很多錢，金額達數百億之多，德碁因為被台積電購併的關係，換了不少台積電股票，賣掉後，整體說來德碁並沒虧錢，得以全身而退。

有人說，比較當初兩家公司被台積電購併，世大半導體本來就是晶圓代工廠，TSMC得其所哉，然而，德碁是DRAM廠，有點勉強。施振榮認為，某個角度是這樣沒錯，雖然生產模式不一樣，但是，人才、廠房、設備是現成的，規模已在那邊，只要調整後，就可迅速投入也是事實。對Morris來講，雖然購併後不能馬上來用，但是人才能力有八成可以馬上用，需要慢慢融入台積企業文化，廠房與設備很快就可以調整加入運作，對客戶就可以有交代。

Chapter.6

未來 10 年台積電面臨的問題

6.1 TSMC 海外設廠的競爭力

　　講到美國的製造業競爭力，就要分析從 1970 年代起，美國金融、軟體、網路興起，年輕人除了當醫生、律師這樣的高收入行業之外，又多了高科技創造高收入行業的選擇，也促成了矽谷、西雅圖、波士頓新創科技園區的崛起，聚集了大量優秀的工程師，年輕理工人才願意待在工廠的越來越少。另方面，跟德國比較，後者工程人才從基層技術工人到工程師是不分職位，是上下游完整的養成訓練。美國呢，技職體系教育只顧工程師，卻忽略了生產線技術工人的訓練，因此，工廠工人的素質參差不齊；加上美國社會崇尚個人自由、私人時間群聚歡樂等特性，工會勇於幫勞工福利保障出頭，愛之適足以害之，假日、晚上值班或平日加班幾乎都滯礙難行，凡此種種都十分不利於製造業的運作。因此，從 70 年代後，包括紡織業、鋼鐵業、汽車業到家電業、生活用品業等屬於生產線密集工序的作業，需要有專注、勤奮、耐力與耐心的大量生產線技術員、工

人行業的工作，美國製造業節節敗退。逐漸的，這些產業工廠移至亞洲的日韓台星。緊接著，1995 年後當美國為首的經濟大國給予中國 WTO 會員等同的優惠，中國大陸利用沒有成本的土地與龐大又低廉的勞力，吸引台日韓各國到該地設廠，帶入進步的生產技術與管理經驗，上述產業製造基地又逐漸轉移到大陸。30 年下來，已經養大中國，讓它成為世界最大的生產製造中心。

筆者 1986 年陪同一群記者同業去美國，參觀當時堪稱是高科技表率的惠普（HP）製造工廠，親眼看到他們生產線那種鬆散、自由派的工作環境，就覺得怎能跟台灣的電腦電子工廠競爭？果不其然，後來美國一系列科技產業供應鏈從個人電腦、筆電、滑鼠、鍵盤、監視器、伺服器等上百種產品都逐漸改由台商來代工（當然，2000 年起這些台灣高科技公司又把生產基地移轉到中國大陸）。這說明什麼？英特爾這樣碩果僅存的垂直式 IDM 生產工廠，遲早也會因生產效率與成本構成的競爭力往下降，缺乏大量有生產經驗的技術工程師及作業員，不得不將生產性的工作移出去。能承接這種高精密微處理器晶片的最佳代工者，當然非台積電莫屬。

那麼，聰明的讀者會問：台積電亞利桑那州的工廠蓋在英特爾工廠的附近，難道就沒有前述的問題嗎？是的，面臨的問題其實一樣。話說回來，早在 1996 年前後，台積電就在美國華盛頓州設立了一座 8 吋晶圓廠，也是面臨了員工不肯加班，

以及採取類似台灣排大夜班、小夜班的三班制，實施起來困難重重，在 2021 年的今天問題只有更嚴重而已。既然，台積高層答應美國政府設廠──2021 年建廠（5 奈米），2024 年開始營運，以經驗豐富台灣龐大工程師人力作為後盾調度，相信領導團隊心中已有解決腹案。依筆者的判斷，美國廠的運作未來將朝向全自動化、建立跨國遠距監控中心、台灣派遣數百資深工程師每 3 年輪調支援等三大方向運作。

這樣的營運模式，將複製在未來台積電的日本廠、德國廠等地，積極培養當地工程師、技術員的同時，台灣資深工程師擔任引導及備援雙功能，逐漸建立多國營運中心的概念操作。

大陸廠的運作──人才是兩面刃

不同於美國廠的是，2016 年台積電在中國大陸南京設立的晶圓廠，當初是以最先進的 16 奈米規劃，產能 2-5 萬片，該廠的技術雖是與新竹 12 廠是同級技術水準來做規劃，但是蓋廠到正式營運要 3、4 年時間，摩爾定律的躍進，等正式營運時卻已是落後台灣竹科、中科廠一、二代奈米技術的水準。

相信台積大陸廠在美中政治、外交、財經、科技全面對抗下，必然會成為兩者矚目的焦點，尤其過去這 2 年大陸數十家科技企業都因為美國實施高科技技術禁止輸出而嚴重影響營

運，中國執政當局非想辦法突破不可。而突破關鍵之一，當然就是精密晶片的自製能力，所以對岸未來會用「舉國洪荒之力」想辦法獲得台積電的各項生產、研發祕密，以及用「民族主義」或「愛國」這些大帽子，大量挖走松江、南京廠技術人力。這是台積電大陸廠領導團隊及新竹總部高層，時時刻刻要小心注意的趨勢。

如果透過公平的競爭與努力，長遠來看中國絕對是可畏的對手，為什麼呢？因為他們的理工人才素質優秀，數量連美歐台三地區投入高科技製造業的加總起來都沒有他們多。每年大學聯考的八百多萬人當中有 20% 以上唸理工，前 20 名優秀大學一年培養的理工人才（碩博士）至少三、五萬人，是台灣的十倍以上；並且，裡面有相當大比例來自二、三線市鎮來的所謂鄉下小伙子，既聰明、肯拚命的學習，又耐操，是全球半導體製造供應鏈研發、生產最合適培養的龐大潛在人才群，加上內需市場夠大，成為最不可忽視的優勢與競爭威脅。

然而，中國大陸 2019 年起被美國一連串的貿易制裁，進出口貿易總額其實沒受太大影響，最傷的是好不容易培養起來的大型半導體公司及相關科技企業，這樣的大型企業，被列入黑名單後，供應鏈所需要的材料、關鍵零組件、設備都買不到，停工的停工，歇業的歇業，是正常營運的大企業無法承受之痛。華為就是一個明顯的例子，該公司高層在 2021 年 4 月內部的溝通文件透露，華為在消費電子領域的市場受到美國一年半來

四道禁運措施打擊，已接近停擺。正因爲如此，中方痛定之痛，下定決心由中共中央撥出 5 千億人民幣基金規模，支持打造自己體系的半導體產業。發展到最後，就如同習近平講的成了內外兩大循環，也就是說，10 至 20 年之後，全球半導體產業將分成兩大陣營，兩大供應鏈，一個是自由民主世界爲主的半導體產業體系，一個是以中國爲中心，部分共產國家及一帶一路必須採用其供應鏈的國家產業體系。從中國只花 3、40 年時間就從毫無基礎規模的產業窘況，發展到今日世界傳產、高科技製造中心的地位，這樣的決心及可能性不可小覷。

問題是，回到經濟學基本自由供需的理論，所有的供需是由市場的自由浮動來決定的，不是政府能主導決定的，共產世界中央拍板決定的計劃經濟，二戰後經過毛澤東統治下的中國，以及馬列信徒主導的蘇聯政權都以失敗或解體收場。中國大陸近 30 年之所以成爲世界工廠賺取超大量來自各消費國家的外匯，以此作爲基礎，建立內需市場龐大消費力，導致經濟 GDP 的成就，其內部是說走「修正的社會主義」。事實上，深入研究中國製造業近代發展的經濟學者大都了解，1987 年起台商第一波傳統產業進入大陸，2000 年起第二波台商科技產業接續進入，這兩波台商不僅帶進了二、三千億美元的資金，更關鍵的是，這十數萬家台商以其 40 年修煉，來自美日的生產管理系統經驗知識，教會大批的大陸工人幹部何爲品質管理、採購、製程管理、物流、品牌、行銷的種種實務與經驗。不

少台商早期看到大陸的窮苦落後，本於同文同種血濃於水的情懷，毫不保留的傾囊相授，在這種情況下，大量的大陸內地人才為了賺錢，像海棉般的吸收，學會資本主義工廠、供應鏈那一套以自由市場為機制，學會經營公司工廠涉及的「產銷人發財」，行銷學所謂的4P（產品設計、訂價、推廣、通路）等等。這些在共產主義理論或實務上都找不到的，最後卻幫助數百萬座工廠前仆後繼的創建與營運，成就中國大陸世界製造中心的地位。

最近幾年蘋果電腦開始把部分手機訂單交給大陸立訊科技公司生產，讓它股票一飛沖天，它的創辦人即是來自內地省份轉到深圳，在鴻海大陸的工廠富士康從基本工人幹起，十幾年下來逐步升為幹部，學會了代工生產的系統性知識，後來自行創業把這套學來的代工模式概念複製，並吸收大量富士康的人才，運作多年才有初步的成果，就是一例。

比較 TSMC 美日廠的營運策略

2021年4月12日美國新任總統拜登首次邀請半導體及汽車產業的跨國企業負責人進行視訊會議，稱為：「半導體供應鏈高峰會議」。這十九家橫跨半導體、汽車兩大產業只有兩家純外商企業受邀與會，一是來自韓國的三星電子，另一家是來

自台灣的台積電。劉德音董事長在會議上強調，將投資 120 億美元在亞利桑那建置一所運用先進 5 奈米技術的晶圓製造工廠，這是 2021 年外國在美最大投資之一。

這項邀請固然是個榮譽，卻也有拜登總統代表美國固樁的意味。一方面 2020 下半年以來，全球汽車大廠深為缺晶片讓裝配生產線陷於停頓而苦惱，他希望為美汽車大廠多爭取些籌碼；二方面也為看重台積電作為全美國防軍工、航太及電腦、手機品牌廠商精密晶片供應重心打氣。台積電總裁魏哲家在 2021 年 6 月自家舉辦的「台積電半導體技術論壇」，首次把該公司在美國的投資計畫正式公開，格局之大，超乎原先的估算。台積電在亞利桑那州的晶圓廠定為台積 21 廠，主要技術 5 奈米級，已開始興建，預計 2024 年開始量產，初期每月產能為 2 萬片，這個廠的基地面積居然大到 445 公頃（1,100 英畝），相當於台積電在台灣所有北中南科學園區工廠的總面積，也相當於新竹科學園區一半大的面積。

美國亞利桑那廠，雖然是按照先進 5 奈米技術製程去建構規劃，可是到了 2024 年該廠正式營運時，3 或 2 奈米才是當時最進步精密的製程，而這幾個先進製程新廠目前都已規劃或架設在台灣的中科、南科及新竹寶山。

台積電高層至今堅持以台灣本地的十幾座晶圓廠作為營運主力，向全世界供應代工產能。基本上，高端晶片產品進入大量生產的良率階段時，海外廠的技術、人才、產能仍得靠總

部來調度。台灣的十幾座晶圓廠及數萬優秀具備充分經驗的人力，構成台積電散布全球各地海外晶圓廠，源源不斷供應的源頭。

2021 年 6 月 18 日日本媒體報導，日本三大企業：豐田汽車、三菱電機、新力（Sony），將與台積電合資 1.6 兆日圓（台幣 4,000 多億），在日本熊本縣設立 22/28 奈米水準的晶圓廠，初期產量每月 2-3 萬片。從這個合資架構可以了解，這座海外日本廠的設立，純粹是因應日本當地幾個主力產業包括：家電、電子、汽車今後對個別產業產品次精密晶片的需求，並不追求台積電最高端的製程技術。

話說回來，一座合資工廠，享有當地政府優惠，客戶又幫你出資一半，技術又是最成熟的 20 奈米級製程，只要工廠順利運轉，量產達到良率要求（挑戰並不大），那麼訂單滿滿是現成的，並且還少掉運輸及時間成本。即使要從台灣調度數百資深工程師團隊前往 long stay，基於時下年輕一輩對日本的好感，也一定有很多台積人願意前往停留數年。並且，台日飛航距離只有 2、3 小時，周五晚下班搭機回台，周日晚再回日本上班，也有彈性。相信這個廠如果開始運作，徵求內部同仁志願前往工作時，一定會有爭相搶破頭的現象。另方面，以日本百年大企業信守承諾以及遵守職場倫理、專業精神的商場習性，這個生意台積電真是划算。

台積電全球廠區產能分布圖

（資料來源：SEMI/TSMC/ 財經媒體等整理）2021 年 6 月

F11 （8 吋廠 /12-28 奈米）
月產：2-5 千片

（12 吋廠 /5 奈米）
月產：2-3 萬片
（2024 預定量產）

太平洋

華盛頓州

加州

亞利桑那

北京

F16（12 吋廠 / 12、16 奈米）
月產：2-3 萬片

• 松江廠（8 吋廠 /10-15 萬片）

南京

上海

龍潭：封測三廠

• 新竹總公司（竹科園區）
F2（6 吋廠 /1-5 萬片）
F3/ F5（8 吋廠 / 12-28 奈米級）
F8（8 吋廠 /12-28 奈米）
F3/ F5/ F8 合計月產：15-20 萬片
F12/A,B（12 吋廠 /10 奈米以上）
月產：15-20 萬片

• 台南廠區（南科園區）
F6（8 吋廠 /12-28 奈米以上）
月產：15-25 萬片
F14（12 吋廠 / 12,16,20 奈米）
月產：35-40 萬片
F18（12 吋廠 /5 奈米）
（P1,2,3 - 5 奈米，4,5,6 - 3 奈米）
月產：20-30 萬片，包括封測二廠

• 中科廠（台中科園區）
包括封測五廠
F15（12 吋廠 / 7-10 奈米）
月產：25-35 萬片，包括測封五廠

• 新加坡
SSMC 合資廠（8 吋廠）

6.2 邁進全球 ESG 的大作為

台積電的 CSR 社會責任

　　台積電對客戶、員工、股東、供應商、都竭盡能力信守承諾，成為產業的典範，也是國內各行各業學習的對象，其實，它在近 20 年來社會責任 CSR 上的表現，更是國內財經綜合媒體爭相報導的焦點。早期雲門舞集在國內外知名度還不是很高的時候，表演收入入不敷出，台積電率先連續幾年，每年捐贈數百萬元以協助這個享譽中外的優秀舞團，讓他們度過難關。台北市中山北路原美國大使官邸年久失修，2000 年代初，台積電捐出了五千萬元，將之整修成為一個以電影為主題的市民藝文休閒中心，包括了一個放映得獎優秀電影的小型電影院、一個電影圖書館（兼書店）、一個藝文沙龍以及文人聊天的露天咖啡座，這個個案也引領了後來全台灣古蹟老屋重建，或閒置官邸重修利用的風潮。

台積電慈善基金會

　　高雄人都還記得 2014 年的氣爆事件，當晚整整兩條街長共一、二百家商家及住家門窗都被震垮，現場馬路轟出了幾十公尺長的大洞，真是令人觸目驚心。台積電基金會號召員工與公司捐款集資，然後召集多家供應商組的工程團隊，同步測量、規劃、備料、施工，在短短的三、四個月內將一、二百家店面一樓重作鐵捲門、鋁門窗（含二、三樓），幾個月內煥然一新。筆者在事件發生後第五個月至現場觀看，整體已整修得比原舊屋好看。這件事也博得大家的讚賞，不僅錢花在刀口上，也以最快的效率處理復新，更是未來國內企業對災難事件重建的表率。「台積電慈善基金會」雖然不是該公司營運下的直轄單位，這幾年在張忠謀夫人張淑芬女士的帶領下，也做了許多讓人額手稱慶包括花蓮震災的急難救助的公益事項。

　　從 2019 年元月底燃起的新冠肺炎病毒，席捲了全球數百個國家七十億人口，工作、生活都受嚴重影響。台灣由於政府防護積極，全民理智自制配合，使得 2020 年 2 月到 2021 年 4 月底，全球各國禁了又封，封了又禁，人民惶惶不安的當下，台灣兩千多萬人口得以正常生活，甚至於還可到全島各地旅遊。這樣的情況一直到 2021 年 5 月 12 日因華航機師染疫及台北萬華的群聚擴散事件，才破了口。即使下半年社會緊張，與

已經打了相當疫苗比例的歐美日等國疫情相較輕微。然而與前一年比較，染疫及死亡人數比較卻令人憂慮，尤其疫苗在各種內外在原因阻擾下，遲遲未能大量進口。因此，2021年6月中旬，最受社會矚目，莫過於鴻海創辦人郭台銘及台積電各捐500萬劑的BNT疫苗給台灣整體住民使用的事件，緊接著全台最大佛教團體慈濟也捐500萬劑BNT疫苗……。這都是台灣良善社會力量的充分展現。

　　事實上，台積各單位在做這些事情上都相當低調，不會張揚。在劉德音代表台積電提出捐贈500萬劑BNT疫苗的前幾個月，由張淑芬女士帶領的台積電慈善基金會同仁及合作夥伴們，其實已陸續完成了六件具體救濟的事例，包括；

- 捐了十台「零接觸獨立採檢站（車）」給台灣各界使用，價值8,000萬元。
- 捐贈2萬5千份醫療物資包給醫護人員。物資包內含：隔離衣、隔離鏡、髮帽、藍色鞋、乳膠手套。
- 捐贈400台呼吸器給各醫院與防疫旅館。
- 捐贈數千包調理包與1,500箱食物給1919食物銀行，幫助弱勢家庭老人孩童度過斷糧危機。
- 捐數千台筆電及網路分享器給偏鄉貧窮孩子們，讓他們可以在家上課，而不至於造成學習方面的落差。

　　台積電對社會、環保的重視，可再舉一例。2021年4月4日台灣自來水公司前董事長郭俊銘在自由時報「自由廣場」投

書提到，2016 年 12 月初他以董事長身分到台積電總公司拜訪張忠謀，現任總裁魏哲家也在場，台積電當時是全台灣工業用水第二大戶（第一名是中鋼）每天高達數十萬噸，台水賣給該公司的水費每公噸 11.5 元台幣。然而該公司利用排掉的水循環處理後再使用每公噸的成本是 25 元，因為那幾年新竹頭前溪水源豐沛，郭董就建議他們儘量向台水採購每噸只要 11.5 元的自來水，製程回收只要處理到合格就放流，這樣可使該公司每天節省許多的水處理成本。沒想到張董事長回答他說：「雖然跟你們買水，比我們處理節省很多費用，但這是我們公司對環評的承諾！」這段話讓郭俊銘對台積電、對張忠謀肅然起敬。

郭俊銘在該篇投書還談到：「很多高污染產業如石化、造紙、煉鋼、紡織，甚至大飯店等股票上市（公司）自來水量營運費用竟沒預期大，詢問之下才知道，許多公司申請地下水水權，鑿井抽水供應生產所需，唯一的成本就是（抽水）電費。

郭前董事長還講了一個故事，台灣最大的用水補貼對象就是六輕，當時為了供應濁水溪水源到麥寮廠區，政府耗費巨資興建集集攔河堰與數十公里長的供水渠道，台塑沒有水權，於是向水利會簽約，採購每天高達 36 萬噸的原水，每噸 3.5 元。而雲林縣農民缺少灌溉水源，只好鑿井抽地下水，長期以往造成地層下陷，波及高鐵沿線的地質結構穩定。為了防止地層下陷，又花費國家公帑做改善工事。

看了郭董的這番分析，讓我們了解，CSR 或 ESG 都不是

做出好看的報表，或透過媒體公關裝飾門面，必須是企業高層負責人要有對地球環保的澈底覺醒與行動支持，否則都是空話，都只是在成本考量下算計金錢大小而已，那這樣的企業即使養活了數以萬計的員工家庭，對每個活在當下的世界公民都是一種遺憾吧。

繼 CSR 之後，全球企業的眼光與責任更大開大闊，從2020 年邁進一大步，開始把環境保護（Environment）、社會責任（Social）、公司治理（Governance）的所謂 ESG 三大項目，列為企業永續經營的終極目標，揚棄數百年來企業體一心一意只追求營收與利潤的唯一目的。身為台灣半導體產業龍頭，也是全台灣整體產業典範的台積電，過去 20 年在天下雜誌評選的 CSR 排名始終都是前三名的模範生，2020 年市值一躍而為全球半導體產業第一大後，更是國內外市場動見觀瞻深受囑目的焦點。秉此，3 年前繼任的劉魏雙領導高層更把 ESG 列為營運的重心之一，許多做法更是讓人耳目一新。其中最積極的就是推動綠能這個目標，除協助我們居住的地球減碳這項人道目標外，同時也解決台積電長期營運需要龐大電力，尋求替代能源的問題。

綠能是台灣執政的民進黨政府「非核化家園」重要政策目標之一，以太陽能、風力發電為主，取代現有三座核電發電廠為核心的政策。事實上，非核化並非民進黨政府的專利，歐洲工業大國二戰後執政最久高達十幾年的梅克爾總理，早在 2015

年 10 月，就提出德國非核化家園的目標。她爲什麼這麼早做？主要是 1989 年烏克蘭三浬島核電廠汙染事件，當年，即使該座核能電廠爆炸後，距離德法義等國距離上還有數百公里遠，然而，發散在大氣層的核子污染粒子，居然可以飄到歐洲這十幾個國家上空盤旋，長達一年多輻射測試計每日測試都爆表，成了包括德國人在內歐洲國家人民的夢魘，所以積極推動非核化。只有親身經歷這種恐怖事件的人，才會了解號稱乾淨能源的核子電力，一旦發生運轉上的突發事件，其負面影響與效應是很可怕的。正常時，固然它可以帶給我們乾淨又安靜的能源，一旦發生爆炸或核塵洩漏，距離核一核二兩座核電廠才十幾公里的大台北地區勢必整個撤空，人員都不能居住，這樣的嚴重性大家能接受得了嗎？

如果，查察過去 30 年，我們三座核電廠發生小故障的事故，已有多起，最近的一次，在 2019 年運轉 30 年的核二廠發生跳機的事故，檢查兩天找不出原因，最後，還有賴當初建置該系統的美國 GE 顧問飛到台灣才解決問題。這就說明，核電廠的運轉，即使已數十年，仍有許多無法立即解決問題的風險存在。

也因此，我們要跟歐洲學習，積極發展綠能的生產與應用，這樣的目標隨著台灣三座核能發電廠都已服役超過 30 年以上，更顯得它的迫切性。

零碳經濟時代的來臨

　　2020 年的新冠疫情燃燒世界各地，也奪去全球關注的焦點，其實這一年的 3 月，卻有項法案將嚴重影響全球中大型企業未來 30 年的發展，那就是歐盟議會通過的「歐洲氣候法」。為了盡快減少每年全球排放的 510 億公噸的溫室氣體（二氧化碳），扭轉近年來因溫室氣體導致全球氣候失衡、災害不斷的現象，宣示將對來自高碳排地區的產品課徵「碳關稅」，並且，不排除自 2023 年即開始實施。英、法、瑞典等國已分別制定零碳相關法案，日本、韓國也宣布 2050 年達到淨零碳；全球排碳比例占近 1/3 的中國，則是宣布 2060 年達到碳中和。美國是僅次於中國的排碳大國，2017-2020 年由於對全球氣候變遷與減碳始終缺乏認識的川普擔任總統，所以美國政府過去 4 年這方面的努力歸零；好不容易，剛在 2021 年 2 月上任的拜登政府對全球氣候減碳的重視，重新齊議各國，相信美國很快的也會在最近採取類似做法。

　　傳統汽柴油車原是德國製造業重點產業，占其出口產值三成以上，為了零碳這項目標，梅克爾總理也宣示在 2035 年廢止汽柴油車的生產；德國且在 2015 年就宣示非核化，也就是說 2025 年以前將境內所有核能發電廠停止營運。其實歐盟幾個汽車大國及英國都先後宣示 2030 或 35 年以前，不再生產汽

柴油車，以歐盟德法荷比等主要國家對綠能的推動劍及履及，讓地球減碳有實質的進展，這是地球公民大家的責任。慶幸的是，近年國際氛圍終於在地球減碳方面有比較積極的作為，歐美跨國大企業成了這一波減碳具體行動的推動表率。

國內企業這 10 年也開始重視環保議題，根據天下雜誌 2021 年 5 月針對全國中大型企業所作的「減碳企業 50 強」調查，採用五種指數評比，包括：A、道瓊永續指數（DJSI）；B、RE100；C、原碳揭露專案（CDP）；D、減碳目標通過科學基礎目標倡議（SBTi）；E、內部碳定價。50 家入選的優良減碳企業有進行以上 A-E 項指數（含 2 項或以上）的企業共有 7 家，台積電包含在內。

第一名是台達電，進入 ABCD 四項標準；日月光、台哥大、光寶、分別進列三項；而遠傳、大江生醫與台積電並列兩項。這是國內知名媒體首次評比公民營企業的減碳績效，能入選前 50 強，都表示企業已充分體會全球減碳大趨勢，也希望在營收創利之外，作一個優良的世界企業公民，這樣的作為都是值得各界鼓勵肯定的。

劉德音、魏哲家兩位新領導人在推動綠能減碳這方面創新魄力相當顯著。首先，2020 年 12 月創國內風氣之先，發行所謂的「綠色債券」，規模大到台幣 120 億元，雖然這項投資額跟這些年來 7、5、3 奈米的新廠動不動就是幾百億美元（台幣上兆）不能相提並論，但是這筆錢是有目的限制的，也就是說，

它只能用在為提升 ESG 三領域的用途上，不得作別的投資或費用。短期內提升工廠能源效率、溫室氣體的減量等減碳行為都在工作項目內。綠色債券屬於 ESG 永續債的一環，對買方來說，權益跟台積電發行的公司債並無不同，但是嚴格限制發行公司，除必須取得評鑑機構認證外，資金專款專用，並在每年提報告詳細條列資金使用用途。

台積電發行綠色債券除了宣示貫徹 ESG 的決心，也強調綠色轉型不是玩假的，確實有這個需要。2025 年之前除了要節能 20% 之外，提升綠色工廠的效能到 30% 的目標，當然需要用途明確的資金來支持這項目標。話說回來綠債券並非該公司的創作，它是 2016 年蘋果電腦第一家美國企業率先發行，至今累積規模已超過 47 億美元。其次，Google 母公司 Alphabet 也在 2020 年發行永續發展債券。台積電這項創舉也帶動了國內綠色債券的風潮，2021 年底估計全台會有 400 億的綠色債券發行。

在 2021 年 6 月初「台積電半導體技術論壇」上，總裁魏哲家宣示，綠色製造方面，台積電 2020 年 7 月就成為首家加入 RE100 的半導體公司，未來承諾到 2050 年，公司所有生產廠房和辦公室將 100% 使用再生能源。實現承諾的中期目標是到 2030 年時使用 25% 再生能源。

截至 2020 年，台積電購買 1.2 百萬瓩再生能源，約占總用電量 7%。台積電今年開始建造業界首座零廢棄物製造中心，預計 2023 年試產，採用最先進回收和純化製程，將廢棄物轉

化爲電子級化學品。

　　當然，台積電大力發展綠能取代傳統發電電力方面，也不是沒有隱憂，這個隱憂來自 2021 年 7 月台灣媒體的報導指出，兩大綠能發電進度這一年受到若干挫折。首先，太陽能方面，下游的系統廠商與上游的模組業者，因原料價格大漲，所增加的成本應歸誰吸收，爭吵不休，而致影響了全國太陽能系統的裝置速度。其次，風力發電方面，由於經濟部要求國造技術比重逐年增加，但是參與建造的幾家大廠學習進度因各種原因顯得有點落後，並且受到機電原物料漲價的衝擊，也使成本大幅張揚，在在都影響了沿岸風機裝置的速度與數量。因此全台 110 年綠能發電總電量成長有趕不上計畫目標數量的現象，這些都值得 TSMC 領導團隊要格外注意。

　　TSMC 在綠能減碳方面的努力是多管齊下的，我們可以舉以下幾個故事一窺全貌。

故事一：買下全球最大風電契約量

　　經濟部 2019 年修正「再生能源發展條例」，開放綠電直供（綠能發電廠直接供電給用戶）、綠電轉供（綠能發電廠經台電輸配電在供給用戶）這兩種經營型態，讓再生能源變成一種交易商品。綠電業者可以選擇把電直接賣民間企業，台積電

負責這塊業務的資訊技術及資材暨風險管理資深副總林錦坤就表示：「台積公司身為綠色製造的推動者，秉持對這塊土地永續發展的承諾，堅守負責任的採購角色，持續且積極尋求各種合理、可行的再生能源方案」。

台積電客戶及市場面向全球，因此，必須及早因應這個情勢，否則生產的晶片過程產生的含碳比例過高，將無法進入這些國家地區，這是該公司在綠能方面的部署遠比國內大多數企業積極、快速的原因。因此，公司制定中長期綠能計畫，其中，「再生能源採用計畫」目標以 2030 年全公司各廠房總用電力的 25%，以及非生產廠房 100% 用電電力採用再生能源，並追求全公司用電百分之百使用再生能源為長期努力目標。

自 2015-2017 年間，它參與經濟部「自願性綠色電價認購計畫」，累計認購再生能源共 4 億度，是台灣再生能源最大採購用戶；到了 2019 年已累積了 9.1 億度再生能源、憑證及碳權。

檢視最近 5 年台積電為了掌握生產所需兩大公共資源——電力與水的投資，不得不欽佩張忠謀的領導與接班人劉德音、魏哲家的魄力。根據統計，台積電到 2020 年 7 月為止，已簽下 1.2GW（10 億瓦）再生能源合約，相當於 100 萬千瓦電力，估計可為它帶來年減 218.9 萬噸的碳排。其中它向沃旭位於彰化西北方離岸風場簽下為時 20 年的離岸電力 920MW，相當於滿載時能產生 9.2 萬千瓦 / 時的供電，是全球綠能至今最大的企業購電合約。

沃旭是全球前兩大風力發電專業廠商之一，來自丹麥，它已在全球完成 1,450 座商用風力發電機，運轉中的容量相當於 6.8GW，該彰化離岸風場將於 2025 年完工運轉，因此雙方這項供電合約也將在正式運轉後開始生效。

　　時間回溯到 2018 年幾家國際團隊競標彰化這塊大風場區域，沃旭最後以低於平均競標價（2.6 元 / 度）的 2.548 元 / 度贏得該離岸風場 920MW 的主導權，看起來會虧很大，如今答案揭曉，它把整個風場電力包給護國神山台積電，而後者給的價格將遠高於 2.6 元 / 度，所以這是雙贏的局面。

　　一方面沃旭只要達標正式營運，就會有合理的利潤進帳，加速投資費用回收，因此它會毫不猶疑的積極投入建置，早日創造收入及利潤；另一方面，台積也因此有可靠保證的相當量電力供應，作爲台電供電不足時的備載電力。

　　至於太陽能這部分，配合政府剛修正的「再生能源發展條例」，在此情況下，TSMC 首家成爲這項政策的實踐廠家，2020 年 5 月它向曄恆能源、韋能能源兩家綠電專業廠商總共購買了 1.1 億度的太陽能綠電，也成爲國內最大的太陽能契約用電戶。

　　從台積電在風力發電、太陽能發電這兩大綠能發電的超前部署，我們看到的不只是像林錦坤這樣能幹負責任的台積電資深主管卓越表現，我們也看到了乘數正面效果，讓國內剛萌芽的綠能產業擁有最具潛力、最大的買主，已提前購買的契約行

動支持他們的發展。將來，台灣的綠能產業如果能在國際市場發揚光大，台積電的支持將是他們初期發展最大的一股市場力量。

故事二：高科技的氫氣廠

2021 年的 3 月中旬，全球第二大工業氣體供應商法國液空集團（Air Liquide）與台灣遠東新世紀集團合資的「亞東工業氣體」在台南科學園區建立的新廠房，這個廠房未來將以再生能源（也就是指名台電利用綠能產生的電力）供電，利用電解超純水生產氫氣，這種氫氣非同小可，是「超高純度氫氣」。唯有如此，才能滿足台積電南科未來 3 奈米廠 EUV Lithogaphy（極紫外光微影技術）光刻機設備的需求。要知道 EUV 光的產生，必須用每秒五萬次雷射光束轟擊液態錫，錫被氣化後，容易沉積在 EUV 的反光鏡，造成鏡面霧化，影響製程。因此要注入超高純度氫氣，與錫結合成氣態的氫化錫，然後再被抽出腔體外。

不只如此，新竹科學園區最早成立氣體廠的聯華氣體，也在南科計畫成立兩座以天然氣當原料的氫氣產製設備，一齊供應台積電新廠的需要。

故事三：水資源的百年基業

- 「如果台灣的乾旱沒有減緩，半導體生產問題恐怕導致 Apple、特斯拉的晶片交貨受到影響」，著名的「霸榮周刊」指出。
- 「這是半個多世紀以來台灣最嚴重的乾旱，與此同時，也暴露了這座島嶼半導體產業面臨的巨大挑戰」──紐約時報4月底報導。

2021年上半年，台灣面臨57年未有的缺水荒，在我們的記憶裡日月潭、石門水庫這些大型水庫從未有低於30%以下的水位。截至這一年5月底除了北部的翡翠水庫還有65%水位外，全省幾個大型水庫都低於20%以下。

新竹寶山水庫幾十年未見過即將見底的現象，近乎在發生，還好執政當局幾年前建構了「北水南調系統」，適時在2021年元月完工。北水（翡翠水庫）可以南調到石門水庫，再接力輸送到新竹地區寶山水庫，所以台積電新竹廠今年內還不緊張；但是中南部15-18廠幾座12吋晶圓廠所倚賴的幾個大型水庫，都快見底，儘管有備用鑿井群尚可支應救急，但是如果乾旱持續，還是會有部分停工的危機。

固然，經濟部水利署還有備用井地水、伏流水、海洋淡化

水等應變計畫，並且台積電這幾年來也在水資源方面做了許多投資與努力；但是如果缺水情況繼續惡化，就不免有民生用水與工業用水之戰，到時候，晶圓廠這種每天耗水量龐大的問題，就可能浮上檯面成為民粹焦點，不利於正常營運。

台積電每座工廠的用水量，隨著技術更精密製程產能倍增而越大，譬如南科正在測試的 3 奈米 18 廠，估計滿載後每天的用水量高達 7.5 萬噸，若乘以 365 天，相當於整座仁義潭水庫有效庫容（商業周刊 1745 期）。我們可以合理的推論，全台灣 TSMC 包括製造、封測的 17 座工廠，每天用水量超過 20 萬噸，一年就是 7、8 千多萬噸的用水量，相當於一座中型水庫的蓄水量。未來南科 3 奈米廠、新竹寶山 2 奈米廠全能生產後，日增 20 多萬噸，又是目前 17 個廠一倍多的用水量，如何籌措？

這麼龐大的製程用水對各地的科學園區或縣市政府來講，都是超級用水大戶。還記得 2002 年全台的一場乾旱，延續一年多，科技廠商到處找水，甚至一度叫不到水車的情景，是危機也是轉機，讓台積電高層開始了解做好水資源準備的重要性。因此，領導團隊思考回收水與開發水源兩種方向策略，回收水已做了多年投資與努力，2002 年更建立台灣半導體產業的首座洗滌廢水塔的廢水回收系統，讓它的廢水回收率提升到 73%。為了回收更多的水，負責的單位建立「廢水管線分流系統」，分析廢水含值的不同有 38 種分流，以便處理內含不同

化學品質的分流處理程度。這套系統十分複雜，對應每一種廢水，就有一套不同流程的處理設備；為了暫存分流處理過後的再生水，就要有預留空間，這也是近年來為何每座新廠需要的土地面積越來越大的原因之一。

而多年來回收廢水的經驗，也讓台積電培養了像卜力斯、聯宙、捷流、漢華、水之源等十幾家水處理上下游廠商，無形中也讓台灣的廢水處理產業躍上國際水準，培養了一個新興產業。當然十幾年來處理廢水的經驗並非一帆風順，曾經有一次為了回收一種研磨過的廢水，與美商合作，花千萬元進口最新設備，結果因選用的薄膜材料過濾效果不理想，只好整組設備打掉，重構重組。在那次後，主辦單位開始實施「實驗模廠」的制度，亦即每次要做一套新創的廢水回收處理系統之前，會先建立一套縮小版的模擬試驗，測試可以之後再建置完全比例的系統。2021 年初，TSMC 對外發布「全物理性晶背研磨廢水再生技術」，就是透過這樣的模組實驗，再導入位於龍潭的封裝廠，這項系統就是合盟廠商卜力斯與台積電成功合作的結果。

在本土水處理產業廠商技術不斷精進之下，台積電的廢水回收率，不斷提升近年已達 87%，領先全球半導體產業！每片大晶圓的用水量，也降到每平方公分 5 公升左右，低於美國半導體業的 15 公升、韓國的 12 公升，以及台灣同業的 7 公升（參考商業周刊 1745 期報導）。

這樣的努力還不夠，台積電董事長劉德音明白宣示：「缺水是全球性的問題，我們一起克服」。因此，未來，它在台南要建置三座再生水廠，不僅要回收自己工廠製程產生的廢水，還要協助回收整個南科園區回收的廢水處理，台南永康再生水廠已在 2021 年四月完工，將有 60% 的回收水供台積電南科廠使用。明年第一期完工的安平再生水廠，則百分之百供應給台積電南科廠使用。同樣的情形也發生在台積電發源地的新竹科學園區，現有竹科數百家科技廠商用水量每日 14 萬噸，台積占了其中的 5.7 萬噸，而這是 7 個廠區想盡辦法回收或循環再利用下的結果。竹科管理局營建組科長接受天下雜誌訪問時，就表示：「台積已經非常努力，非常緊了」。他列舉台積竹科廠每滴水平均使用 3.5 次，並承諾自己蓋一座再生水廠。

可是如何解決 2031 年以前台積電要在新竹寶山地區蓋四座 2 奈米廠，全部完成後，每日將需要新增 12 萬噸的用水？那才是最傷腦筋的問題。除了這座再生水廠可以日產 3 萬噸外，更大的方向，正望向 5、6 公里外的新竹外海，也就是海水淡化的利用。這方面經濟部前任部長沈榮津、現任部長王美花規劃已久、心中已有腹案。王美花在最近一次立法院質詢時，就提出政府長期的解方，那就是在新竹、桃園、嘉義、台南、高雄海邊，都建置「海水淡化廠」，預計 2031 年次第完工後，每年提煉十億噸的水量，相當於每天供應約 275 萬噸的水量，一舉解決北中南科學園區及各地工業區的用水問題。

走筆至此，因為台灣中南北部 2021 年 7、8 兩月的幾場大雨，以及輕颱帶來環流的充沛雨量，使得 8 月中旬全台十幾座水庫，都是爆滿的狀態，大大紓解了下半年缺水問題。然而，前述種種部署，才能一舉解決百年大計長遠營運上缺水的顧慮。

　　可見，護國神山的問題，就是舉國工業發展的問題，台積電本身加上政府的力量，「利人利己」用專業負責任的態度，將水資源的問題徹底解決，正是國內中大型企業可以學習的典範。

6.3 台積電 10 年後可能的隱憂

常言道：「人無遠慮，必有近憂」，先不談 10 年後的台積電，就拿營運正旺的現在，它有沒有潛在的危機？當然有，我們可以從維持營運成長所需要的環境資源、駐在國政經環境、世界局勢的牽動變化分別談起。

中美兩大國的對抗

首先，全球政經環境正面臨 40 年來從未有的美中大國對抗局面，這個對抗從外交、經貿、技術到移民政策……等不一而足。一個美國對中共華為、中芯的技術設備禁運，就使得台積電必需放棄最高時占它營業額 12% 的華為訂單，還好有蘋果 iPhone12 的暢銷、比特幣大熱門引起的晶片需求，2020 下半年迅速補滿華為留下來的產能空檔。但是因為兩個大國之間政經

科技對抗，所帶來的營運風險今後幾年將持續存在，這是台積電未來面臨的第一個風險。

目前全中共統治下的高科技企業有四十幾家被美國政府列入禁止技術輸出名單，即使 2021 年元月換了民主黨的總統拜登，黑名單家數繼續成長；哪天又有台積電中國客戶上榜，或者某種設備、軟體不准台積電的松江廠、南京廠使用，就會造成台積大陸廠營運的挫折。

再者，台積電引以為傲的客戶服務利器之一：「IC Design Library Center」這個中心所採購、使用的設計軟體工具，幾乎都是美國公司的產品，只要哪天美國政府為了制裁中國，禁止 TSMC 提供這些軟體工具給中國 IC 設計或品牌客戶，那麼 TSMC 也必須馬上配合，這是營運上另一個可能出現的風險。

2021 年 5 月經濟學人的一篇評論中指出，對台積電而言，最大危機來自中美衝突。為了安撫美中雙方，台積電分別在當年 2、3 月宣布在美國亞利桑那投資一座 3 奈米新廠，預定 2024 年完工，並投資 29 億美元擴大在中國南京的 28 奈米工廠。截至 2021 年 9 月，中美雙方都沒有直接干預台積電的決策，或許是兩方都認為現行手段最為適切，可以幫助它們達成各自的科技目標。然而，如果晶片製造的重要程度繼續攀升，中美另一方就可能出招。

此外，還有一項更大的潛在風險，即美中兩大國的對抗，如果升級到國安軍事層次，那麼意味著台積電在衡量兩大國之

間的客戶比重、軍事科技實力，以及經貿比重，逼得必須放棄一邊時，這是連張忠謀 31 年董事長任內都未面臨過的抉擇，這是劉魏領導團隊一大考驗！

2020 下半年起的汽車晶片荒，台積電被美德日大國汽車廠及政府代表追著跑，2021 年 2 月宣布要把它南京 28 吋晶圓廠擴廠，以應付汽車晶片的需要，卻馬上招來大陸民粹的譏諷反對。要知道，在中國大陸，這種民粹風氣有時候是可以讓一家廠商關廠關公司的，當然都要列入經營策略變動因應之一環。

世界政經局勢的劇烈變動

這幾年全球財經大環境變化很大，美中日歐大國貨幣寬鬆政策已實施十幾年。雖然遏止了 2008 金融危機以來的風暴，以及 2020 年初 Covid-19 疫情延燒全球，造成各國經濟的停滯波動兩大衝擊，但是熱錢滿天飛，股市非理性榮景的情況，隨時隱藏著市場大崩盤的危險。從美中日歐帶頭的科技類相關公司股值拉到不可思議的高檔，如果有一天陰錯陽差各種不利的政經因素湊在一起，引發了全球股票市場的大崩盤，也不意外。

主要的大國，美中日歐（義大利、法國、西班牙）國債占整體 GDP 都已超過 120% 水準，甚至逼近 200% 的惡質高峰，可以說，自二戰以來將近 80 年之間，從未有大國負債如此之

高的現象，這都醞釀著全球市場的大虛胖，一旦某個事件引發，就可能成為全球經濟崩盤的導火線，不可不慎。

這樣的結果，必然造成全球經濟的衝擊，形成大衰退，各行各業的消費營運將受大衝擊，台積電亦然。它目前占營收比重最大的蘋果電腦訂單，一家就超過 25%；如果世界經濟因為股市崩盤而大衰退，那麼這種高單價的消費電子產品必然首當其衝，衝擊半導體業的產銷非常大，晶圓代工廠商更不例外。

我們可以舉 2021 年 7 月張忠謀代表我國參加 APEC 會議講的話，了解台積電因應世界政經情勢變化的對策背景：

其一：自由貿易 VS 自建供應鏈

張忠謀說，現在的趨勢確實是很多國家都要求在境內製造半導體，但他期盼此提醒是一個開端，因為此刻若沒有人講任何話，情況可能會發展到相當可怕的程度；亦即，相關國家耗費大量金錢與資源仍無法得到自給自足的目標。

有關這個問題，他認為半導體的取得，最好的理想做法還是透過自由貿易。

張忠謀說，美國學者曾出版《國家競爭優勢》一書提及，每個國家都有或是能找到競爭優勢，並藉此競爭優勢，在自由貿易環境裡，讓所有與其貿易的國家受利，這就是自由貿易的好處。

他說，相關國家當然會有國家安全考量，但國安只會影響

少量的運用，更大量部分，也就是民間市場應該走向自由貿易。
（參考中央社 2021/07/19 報導）

　　筆者試著解讀 Morris 這番話，何謂產業競爭優勢？任何想建立自己半導體晶圓生產體系的國家，應該好好檢視本書第四章分析的「台積電七大競爭優勢」，看看個別國家到底具備了幾項優勢？如果除了第 1 跟第 3 以外的優勢，連一半（3 項）都沒有，跳下來花了巨資卻在 5 年 8 年後發覺沒有比較利益，製程技術還是遙遙落後 TSMC 的話，後悔就來不及了。所以商業歸商業，還是回歸自由貿易，讓供應者（TSMC）與買單方（IC 晶片設計者）自由決定買賣數量、價格、交貨地、製程技術、品質與交貨期。

其二：建立跨國合作聯盟

　　張忠謀在會議中致詞時提及，台灣很關切要求「境內」半導體晶片自給自足的趨勢，但這不僅成本將會提升，以及技術的進步可能放緩，且在花費了數千億與許多年的時間之後，結果仍將是無法充分自給自足且成本很高的供應鏈。

　　他示警境內半導體自給自足趨勢。專家指出，各國自建半導體供應鏈的成本約一兆美元，未來需在供應鏈韌性與經濟效率中找到平衡；台灣廠商可呼應「美國製造」尋求結盟，或與盟友共組半導體聯盟等方式作因應。

　　筆者以為，張忠謀在這裡很委婉地呼應幾個國家要求台積

電前往該國設廠的要求，間接的也對英特爾執行長季辛格建議：美國政府不要給外資半導體廠商在美國設廠給予租稅優惠打臉。要知道，從競爭優勢來比較，台積電將晶圓代工廠設在台灣總部是最具效率、成本與製程技術三大優勢的地方，所以在中美日歐任一國設廠都是被動的，都是因應當地政府的要求。季辛格搞不清楚誰是主動方，既然到海外設廠並不符合競爭優勢，只好屈就比較利益，把海外廠的產能規模控制在一定規模（不求大）以內，先進製程技術的發展必然也繼續仰賴台灣總公司。

環境資源的解決對策

台積電因使用耗電性極大的 EUV 製程設備，隨著 7、5、3 奈米三個 12 吋大晶圓廠的陸續進入量產，每年用電量大幅成長，占全台用電的比重越來越大〔**註 14**〕，用電問題成了營運重要核心項目之一。

2021 年 5 月 13 日台電興達火力發電廠發生員工誤觸控制開關，使得輸配電網跳電，讓全國有 4、5 百萬用電戶分區斷電 2-3 小時。這個突發事件讓我們了解，原來全台的供電並非百分之百穩定，隨時會有人為或天然災害（如強烈地震），影響供電穩定性；而晶圓代工碰巧又是對電力需求大、又絲毫不能有數分鐘斷電的狀況，否則損失極為龐大。還好這次電網中

斷事件顯然半導體產業集中的幾個科學園區，被台電列為重要優先供電區域，所以都沒有受到斷電的影響與損失。但是隨著未來用電量越來越大，散布北中南廠區十幾處的台積電，這樣的營運風險將相對增高。

曾經擔任過行政院國發會主任委員的台大經濟系名譽教授陳添枝，在回覆台積電擴廠的問題時說：「我的答案很簡單，台積電在台灣不能再擴大太多，這不只是經濟問題，還有國家安全問題。」他解釋：「台積電人才吸收太厲害，不只中小企業找人困難，其他半導體同業也招不到人；台積電先進製程太集中台灣……應該用全世界的資源繼續發展。」（天下雜誌期725報導）。因為陳添枝既是學者，又擔任過擘劃經濟政策的高官，所以他的立論某種程度上代表另類觀點與影響力，不可等閒視之。這同時也是雞生蛋，蛋生雞的問題。鴻海的富士康當年被中共政府逼得大幅調高員工薪資，最後卻帶動整個地區工廠薪資的高成長，所以，台積電作為半導體領導廠商也會有同樣的效應。不可忽視的另一股力量是，以前因薪資水準低，找不到很多的外籍人才到台灣工作，這幾年台積電這個火車頭調了幾次薪資，如果把月薪、紅利、獎金全部加起來，實質所得（參見本書註4）已足以跟美國矽谷多數科技公司相比擬。並且，2021年第二季，立法院通過的「吸引國外技術人才移民或就業法案」，已大幅鬆綁在台灣工作的條件，未來可預見的，來自東南亞、歐洲或美國優秀工程師紛紛來台灣就業的現象已不遠了。

因此，如同本書第四章分析的台積電七大競爭優勢，能搬到國外廠區嗎？答案是很難！不要只看到台積電用掉台灣太多資源，而相對要思考的是，用掉這些資源帶來的效益有多大？看完本書各章節的讀者諸君，應該心裡有數了。

　　此外，根據天下雜誌期 725 同期封面主題報導：「天下幸福生活指數」在全球排名於前的 41 個國家做比較，當中，台灣排第 17 名！是亞洲國家的第一名，領先日本（26 名）、韓國（31 名），更不要說新加坡、香港或東南亞那些國家了。這意味著什麼？這顯示除了薪酬以外，台灣還有一個更吸引海外人才的關鍵因素——工作生活大環境的品質與安全。未來，更是與各國競爭優秀科技人才的一大優勢。

台灣用電總量（台電售電量）與台積用電比較表

年份	台電售電量 / 億度	台積電用電 / 億度（比重）	
2017	2172（*1）	84（*2）	（3.86%）
2018	2191	96	（4.38%）
2019	2187	114	（5.21%）
2020	2248	138	（6.13%）
2021	2389	155	（6.48%）
2022	2480（*3）	180（*4）	（7.25%）

*1：參考台電公開資料，台積網站資料整理。
*2：指台積電台灣各地工廠總耗電量之粗估。
*3：推估預測（包含綠能售電）。
*4：包含綠能買電及 3 奈米量產。

EUV 的難題

晶圓代工產業生產的核心設備就是 EUV，一座 EUV（極紫外光微影）機台用電量非常大，光是 2019 年生產 EUV 的專業大廠艾司摩爾（ASML），全年出貨 26 台中的 19 台就是賣給台積電。2019 年一台 EUV 的價格相當於台幣約 30 億元，以台積在 5、3 奈米技術領先的態勢，未來 3 年更精密高端的 EUV 出貨對象台積電占最大，並且，每台 EUV 的價格更貴，往 50 億元邁進，比一架先進的戰鬥機還貴！

估計台積電南科 18 廠的 5 奈米廠、3 奈米的 19 廠將分別於 2020 年第 2 季、2022 年第 3 季量產；竹科寶山的 2 奈米 20 廠也預計 2025 年加入量產；南科的兩個廠（18A、18B 廠）到 2025 年滿載時的最大用電量會到 310 萬瓩（KW）。台積電整個北中南廠區總用電量 2020 年已達全國用電量的 6%，將來二、三個新廠加入營運後，估計 2025 年時將達全國用電量的 10% 之多！（見 269 頁表）

這麼龐大的電力消耗，在全國各產業耗電經驗中前所未有，特別引起注目，因此，一向是各個產業典範學習的台積電，如何節能也成了大家矚目的焦點。

節能是關鍵嗎？

　　企業對耗能的經營，不外是開源節流，上述電力雖然近年有備援方案，以補足核能停機，以及減少污染的燃煤電廠；然而大家不知道的是，「節能」所能創造的能源補缺，並不輸給新綠能發電。舉台灣節能最成功最典範的台達電集團為例，它集團工廠遍布台灣、泰國、中國大陸（6個廠區）等地，2009-2014年時，在它的創辦人兼董事長鄭崇華領導下，5年之內全部用電量（包含上述三個國內外廠區）節省了50％！要知道，全台灣製造業的工業用電占了總電力耗量55％，如果全台灣3,800多家大型用電集團能向台達電學習，光是省下30％，總電量就節省了16.5％的電量。我們三個核能廠的發電量占了總電量的10-12％，所以這個全工業界都能一致的行動。那麼除了三座核能發電廠都能除役外，還有部分污染嚴重的燃煤發電廠，例如台中梧棲火力發電廠就可關掉一半的燃煤發電機。

　　既然，節能是本小利多的好事，為什麼到目前為止這3,800家耗電大廠集團節能效率卻都差之千里？這裡面有兩大因素。首先，要想有系統、有效率的節能，每個集團都必須建置「能源資訊管理系統（EMS）」。在每一部耗電力的動力設備如：空調主機、馬達、鍋爐、錫融爐、泵浦、照明等等裝置智慧電錶，然後工廠將這些電錶連結成一系統，各工廠再連結成一中

央能源資訊監視系統，這就是 EMS 的基本雛型概念。透過這樣的系統經年累月天天 24 小時記錄，輔以節能顧問的分析及現場指導，就可找出耗能的問題所在，加以解決。台達電因為鄭崇華親自領導要求，所以在第一時間就建置了連結台、泰、大陸近十個廠區的 EMS 系統，5 年內立了 160 多個節能專案。在節能專家小組的從旁協助下，一項一項的解決，有的專案行動後的次月，每月就省下數百萬元的電費，5 年 160 個專案逐項完成後總共節省七億元台幣的電費，而投下 EMS 的費用不到五千萬元，是不是「本小利多」？更何況這樣的省電是繼續下去，EMS 的維護費用一年不到一千萬元，節省電力及金錢是它的數十倍。

然而，就筆者所知，三千多家工業用電大戶 EMS 系統能全能健全運作的不及 10%！所以還有很大的努力空間，為什麼會如此低的建置率？因為關鍵在於決定建置 EMS 系統的權力中心不是各廠的能源管理員，也不是廠長，而是決定各級主管考核責任的董事長、執行長或總經理。但是半世紀以來台灣製造業的管理思維，是廠長以下各級主管的表現百分百是以工廠生產產品的品質、交貨量、交貨時間、生產效率為核心，跟生產無關的目標不在考量之內。

台達電所以能做到 50% 的節能，就是鄭崇華把節能納入廠長及各級主管考核項目內，占了 25% 的權重，每月總經理對各廠逐項專案檢討、追蹤、改進，才能劍及履及的做出有效成果。

另一項因素是台灣的工業用電電費相較於中國大陸、日本、東南亞各國相對便宜很多，電費跟生產設備、人力薪資等成本項目作比較是小項，領導人不重視，廠長也就樂的清閒，不找底下各部門的麻煩。鄭崇華先生推動節能的動機並不是為了省錢，而是響應地球環保，光是這一點就讓人蕭然起敬，是一位有社會責任的企業家。

台積電節電該努力什麼？

本書前文談到台積電面臨的環境資源時，提到 2025 年它的南科 5 奈米、3 奈米以及新竹寶山 2 奈米超精密新廠大量生產後，北中南十幾個廠區的用電量會大到占台灣地區總電量的 10%。相當耗電量、多驚人的比例！

先不講綠能新能源的建設能否適時在 2025 年補足三個核電廠關機後的 12%，最近天然氣電廠的三接就面臨環保團體抗爭公投的阻力；所以，總體衡量之下，「節能」反而是一項阻力最小、費用最低、行動效率最快的做法。

台積電有鑑於此，從 2020 年高層要求，5 年內（2021-2025）要節能 30%！以它 2025 年會占台灣總電力消耗的 10% 計算，就可替全台灣電力節省 3%；以工業用電比例分析，將節能近 6%，光是它一家就能產生這麼大的綜效。

然而，2019 年一向重視 CSR 的台積電在「企業社會責任報告」，承認原本該年用電量目標要較 2010 的基準年降低 11.5%，結果不但沒有達標，反而較基準年增加 17.9%。台積的經營團隊只要訂下 KPI 很少會失控，這個節電行動卻受到挫折，為什麼呢？在報告中他們承認是因為新製程複雜度增加，導致 10 奈米以下製程產品用電量較 16 奈米以上的製程倍增。這就是問題的關鍵！「製程的節電如何如何跟得上因應市場過大產能的需求」，恐怕是台積電邁向未來 5 年用電量全台最大戶的同時，一項相當艱難的挑戰。

　　要如何做呢？說實在，台積電這 10 年來在節能這一塊是僅次台達電的前五名，它的 EMS 系統早就建置完成，其散布全台灣及海外十幾個廠區數千近萬台的動力耗能設備，早就納入這個系統監控管理，在工廠公共電力消耗所實施的節能專案及成效也是有目共睹。未來最大挑戰乃是耗電最大的 EUV 製程設備，有待跟節能績效相關的所有同仁同心合力了。

　　當然，劉德音、魏哲家兩位領導人也早早了解，該公司隨著新廠全速運作下電力的龐大消耗量嚴重問題，早在 2020 年就啟動 5 年節能 25% 的行動方案，以及在 2019 年時預先向風力、太陽能發電公司包下 10 年總發電量的綠能長期合約。開源加上節流，未雨綢繆，使台積電未來 10 年面臨缺電的風險大大降低。

　　其實，台積電未來 10-20 年的營運，所需要的總電力供應

問題因近年來經濟部長帶領的團隊，早早就看到台積電與高科技業電力快速成長，4年任內除轉煤為天然氣的努力外，全力發展風力發電、太陽能發電兩項綠能，預計到 2025 年，台電總電力綠能供電部分，可從 2010 年供應總電量的 5%，升高到近 20-25%。這種努力使得工業界大大鬆一口氣，尤其台積電北中南科新廠陸續加入營運，產能開到最大後，不必擔心電力供給不足的問題。

永續經營，現在要做什麼？

談永續經營，台積電面臨的問題有幾項：

第一項，就是 5-10 年內面對一、二千位中高階 25 年以上資深幹部大量退休產生的問題。要知道下一批升上來的幹部群比起前者經驗縱向（案件磨練次數與時間軸）不夠深，及橫向（研發、製程、生產）不夠多元的問題，肯定的說，目前在台積電研發、製程、生產的這些中間幹部是張忠謀、曾繁城、蔡力行等幾人帶出來史上最強的團隊，他們在生產、研發各有相當久的經驗，處理的專案最多元，實務學習最豐富。可想而知，升上來的主管群論歷練論經驗都比第一代會差一些，其次，面臨過去 10 年大學研究所理工學生數量也少了兩三成，不得已將開始試用台成清交及台科大以外的二軍，素質難免有所不

同。並且，新的技術團隊雖然也都是他們帶出來的，但是磨練的 case 已奠基於既有基礎上，功夫是否紮實，以應付製程技術轉變諸多挑戰，值得觀察。

新廠未來 5 年產能全開所需要大量技術工程師的問題，在經濟部沈榮津部長任內協助以台積電為首的半導體業成立「半導體產業學院」，政府搭配業界出資一半的專案，預計 2021 年起 5 年培養、訓練、延攬共八千人以上半導體技術人才。在這前瞻性的考量下，技術人才的供應，不至引起營運斷層的困擾。

第二項：製程技術的挑戰。多年來各界都在推論摩爾定律已快走到盡頭，因此，台積電的 3 奈米、2 奈米製程技術會持續很久的時間。到了 1 奈米之後呢？摩爾定律真的走到了盡頭？對晶圓工龍頭老大的台積電將是一大挑戰。當然，有人說。台積高層把資深研發副總米玉傑在 2021 年初，調到掌管先進封裝事業，就是要發揮台積最新最先進的封裝技術「SoIC」（System on Integrated Chips）──採用晶圓生產方式來做封裝，可以持續縮小倍數體積，提升晶片性能。這項革命性的封裝技術，預計 2022 年進入小量試產階段，將會是台積電能否突破摩爾定律的一項祕密武器。

還有另一個更遠、更高難度的計畫，就是運用量子科技。然而，量子科技製程比摩爾定律更具挑戰性，能成功嗎？已走在前頭的台積電也要展開新的技術布局，都是相當嚴肅、不可

確定的未來。

第三項：下一代的高科技發展趨勢。例如：物聯網（IOT）、自動化 4.0、人工智慧（AI）、無人駕駛的交通工具、智慧機器人等，雖然可以為中生代技術團隊帶來更寬廣的發展空間，但是，這些可是與三星工程師、大陸工程師站在同樣的立足點磨練、學習，並且，這兩個地區工程師的耐操，不下於台灣下一代。如何打造下一代 10 年後的工程師團隊，面臨中國優秀人力的挑戰，保持如這一代的多元本事，是目前領導團隊及早投注心力的地方。

將來，因應大國的要求，台積電必須分別在南京（中國）、亞利桑那（美國）以及可能的日本設廠，人才從當地招募培訓容易嗎？技術如何嚴密保護？派往國外的團隊如何管理？肯定不像在台灣五萬多員工那麼同質性與有效率，所以未來這些海外分公司的管理，能否具備高生產力，以及隨之而來增加的營運成本，都將會是未來的大挑戰。

上述幾項影響營運的項目，都是台積電中長期內要面對的問題，看起來雖有風險，如果及早規劃準備，5-10 年內問題都還不大，至於長期 10、15 年後呢？是一個嚴肅的議題。自 2019 年開始，台積電面臨沒有張忠謀掌門的時代，劉魏雙頭領導已有 3 年多，最大的事件就是碰到 40 年來未有的美中兩大國對抗，其次就是新冠肺炎對全球的衝擊，從營運績效來看，不但沒有倒退，營收獲利還雙雙達陣，創下歷史新高。前述綠

能投資、南科 5 奈米 3 奈米的建廠、量產也在這兩年順利達標，在在證明張忠謀扎下的公司治理與企業文化制度發酵，從上到下整體團隊專業、效率、認真、誠信的核心價值，使得台積電「永續經營」成為可能。

　　「護國神山」——台積電，從台灣產業發展數十年軌跡來看，確實是半世紀以來，難得一見的奇蹟，可以說是「天時、地利、人和」都同時到位、契合下的結果，是整體產業的驕傲，也是台灣上下一致的驕傲。具備國際一流領導才能的張忠謀，在對的時機來到台灣，放到對的位置上，擁有政府領導人政策支持與充分信任，使得略具基礎的台灣半導體產業走出了一條截然不同的康莊大道，成就了傲視全球的大事業，令吾輩嘆服，令世人為之驚豔。

註 解

1 台積電市值與世界排名表。

2 「摩爾定律」：即積體電路問世後，把許多元件跟線路集中在一片小晶圓的能力，每 2 年就會有一次躍進，相同晶片面積卻可以多容納兩倍的元件與線路，或同樣的線路與元件晶圓面積卻縮小為原來的二分之一，這就是摩爾定律。摩爾定律本來被認為晶圓廠走到 10 奈米後就無法走下去，因為當光投射在晶圓面上，刻出精密的電路圖時，容易因液態錫產的霧化與細塵，使良率頓減，但是因為 EUV Lithogaphy（極紫外光微影技術）的出現，讓錫與超高純度氫結合氣態的氫化錫，再抽積體外，就可達到極高的良率，而突破了摩爾定律，往 7 奈米、5 奈米、3 奈米、2 奈米前進。

3 台積電金融風暴後擴大投資營收獲利表。

4 台美中三地的半導體人才實際所得比較：薪資實質所得可以拿美國矽谷與新竹科學園區兩地工程師作比較，而薪資指的當然是包括月薪、紅利加獎金的總額。美國有所謂「股票選擇權」任職期滿某一年限可按合約協議價格認股，不過通常是職級較

高者才有此認股機會，且期滿可買入公司股票。如果當時市價低於合約，就不值得認股，因有此兩因素，故不列入此處薪資額的比較。

其實中美兩地半導體員工薪資，經過台積電這幾年的調整，已相差無幾，倒是兩地員工在繳稅與生活食衣住行兩大類相距較大。以稅的負擔最關鍵的所得稅與健保費用相比，兩者稅的支付平均美矽谷高出台灣 10% 以上，以 5 年年資工程師年薪 8 萬美金來說，美國要多繳 8 千美元以上，健保要多出 3-4 千美元。眾所皆知，科學園區包括台積電在內廠商，廠內多供中晚餐，每餐收費在 20-40 元台幣之間；反觀矽谷廠商絕大多數不供午晚餐，以筆者至矽谷出差多次，在園區附近商場用餐的經驗，近年來一餐 15-20 美元算是家常便飯，一年 250 個工作天下來，兩地兩餐的費用負擔就是一萬美元與 700 美元的差距。許多園區廠商還提供單身宿舍，每月費用也只有矽谷地區的 1/6-1/4 間。所以把以上三項生活必需負擔費用作比較，兩者差了 2 萬 2 千美元以上，所以實質上，同樣年資的台積電員工比起美國科技公司實質所得能力高出 2-3 成，因此，台積電員工薪資相當具有國際競爭力。

5　張孝威回憶錄《縱有風雨更有情》天下文化出版。

6　《張忠謀自傳》天下文化出版。

7　台積電大聯盟：指由專業 IC 設計公司如蘋果電腦、AMD、聯發科、NVIDIA、安培運算、高通、博通等，加上上游的架構 Arm、設計自動化工具軟體 EDA 及矽智財公司與晶圓製造的台積電組成的龐大聯盟軍。

8　今周刊第 1246 期第 36-86 頁。

9 綠能指的包括再生能源、乾淨能源兩大類：

- 再生能源—能夠在短期間內自我再生且不會減損的能源。
  例如：風力發電、太陽能發電、水力發電、地熱發電、生質廢棄物或有機植物。
- 乾淨能源—產生電力的過程不會排碳的能源。
  例如：風力、水利、氫能、核能、地熱、光電、生質能、燃料電池。

BIG 370

台積電為什麼神？：揭露台灣護國神山與晶圓科技產業崛起的祕密

作者	王百祿
圖表提供	王百祿
主編	謝翠鈺
企劃	陳思穎
資深企劃經理	何靜婷
封面設計	陳文德
美術編輯	SHRTING WU、趙小芳

董事長	趙政岷
出版者	時報文化出版企業股份有限公司
	108019 台北市和平西路三段二四〇號七樓
	發行專線｜(〇二)二三〇六六八四二
	讀者服務專線｜〇八〇〇二三一七〇五｜(〇二)二三〇四七一〇三
	讀者服務傳真｜(〇二)二三〇四六八五八
	郵撥｜一九三四四七二四時報文化出版公司
	信箱｜一〇八九九　台北華江橋郵局第九九信箱
時報悅讀網	http://www.readingtimes.com.tw
法律顧問	理律法律事務所｜陳長文律師、李念祖律師
印刷	勁達印刷有限公司
初版一刷	二〇二一年九月十七日
初版五刷	二〇二四年三月二十日
定價	新台幣四二〇元

（缺頁或破損的書，請寄回更換）

時報文化出版公司成立於一九七五年，
並於一九九九年股票上櫃公開發行，於二〇〇八年脫離中時集團非屬旺中，
以「尊重智慧與創意的文化事業」為信念。

台積電為什麼神？：揭露台灣護國神山與晶圓科技產業崛起的祕密
/ 王百祿作. -- 初版. -- 臺北市：時報文化, 2021.09
　　面；　公分. -- (Big ; 370)
ISBN 978-957-13-9352-0(平裝)

1.臺灣積體電路製造公司　2.半導體工業　3.企業經營　4.傳記

484.51　　　　　　　　　　　　　　　110013613

ISBN 978-957-13-9352-0
Printed in Taiwan